逆転の農業

技術・農地・人の三重苦を超える

吉田忠則
日本経済新聞編集委員

日本経済新聞出版社

はじめに

日本人の暮らしから、農業はずいぶんと遠い存在になった。

最近はあまり聞かなくなったが、日本人はときに自らを農耕民族と称した。狩猟民族の持ち味であるスピード感は欠けるが、こつこつとねばり強く働く。グローバル化のなかで、そうした国民性を美徳とする傾向も後退したように思う。

現代の日本社会で、農耕民族という言葉にリアリティーを感じられないのは当然だろう。国内総生産に占める比率はわずか一％。一国の経済に微々たる影響しか与えない小さい産業になってしまった。農家の数も激減した。かつては親戚や友人を探せば、どこかで農家にたどり着くことができた。スーパーでよく見る「顔の見える野菜」などのポップは、ほとんどの食材は誰が作っているのかわからなくなったことの裏返しだ。

多くの国民と農業との間に距離ができた結果、農業を知らない人たちによる農業観が醸成されていった。環太平洋経済連携協定（ＴＰＰ）などの貿易自由化交渉が焦点になると、なぜ農業が弱いのかが議論になる。そんなとき、確たる根拠もなく「農協が問題らしい」という意見が出る。

本書のタイトルである「逆転の農業」は、ずっとくり返されてきたステレオタイプな見方を修正したいとの思いを込めてつけた。たんなる異論の提示ではない。農業の現場では実際、過去の常識を覆す構造変化が起きている。

昭和と令和に挟まれた平成時代は、日本の農業にとっても重大な過渡期となった。特筆すべき変化が、農業法人の躍進だ。農業経営を法人化すること自体は一九五〇年代から始まっているが、九〇年代になって家業から脱皮して企業的な経営に移行する試みが一気に開花した。

彼らは、農業の収益性の低さという逆境に才覚と努力で立ち向かっていった。ある農業法人は外食チェーンに直結する独自の販路をつくり、別の法人は大手の食品メーカーには作れない素材を活かした商品を開発した。過去の農家のイメージを一新する経営の登場は、農業界にとって希望の光となった。

一方、キラキラ輝く経営者との対比で、農協はあたかも遅れた農業の象徴であるかのように語られてきた。規模が小さく、革新性が乏しい生産者の集まりで、ひとたび市場開放が課題になれば、息を吹き返したように反対運動に躍起になる――。そうした指摘がすべて間違っているとは言わないが、大事なのはそういう行動パターンの背景にある構造を理解することだ。

農協は地域の社会と経済の映し鏡のようなものなのだ。株式会社と違い、協同組合は組合員の一人一票制のもとで意思決定する。規模に関係なく平等に一票。だから、地域の農家のほとんどを占める兼業農家にとって必要なサービスを提供してきた。力点を置いたのは、限られた時間のなかで楽に農作業できるようにすることだ。それはときに効率を犠牲にした。

ところが農家の世帯収入を増やし、社会の安定に貢献してきた兼業農家という仕組みは、後継者を確保することに失敗し、急速に存在感を失っていった。これが農業法人の躍進と並び、平成時代に始まった大きな構造変化だ。地域社会のあり方に規定される農協は、これに伴い必然的に変化を迫られる。

兼業農家に代わって存在感を高めているのが、農業を柱にして経営を続けていこうとする農業者たちだ。ただし、彼らのすべてが、これまで注目を集めてきた経営者のように独自に販路を築いたり、加工で成功できたりするわけではない。それがすべての農業者にとって合理的な選択肢でもない。

そこで、彼らの成長に寄与することが、地域の映し鏡である農協にこれから求められる最大の役割となる。キーワードは「産地づくり」。農家の顔が見えるような規模の小さいブランディングとも、どこにでもある作物として埋没するような取り組みとも違う。それぞれの地域の特徴を活かしながら、産地として競争力を高める挑戦だ。それが本書の最初のテーマになる。

続いて取り上げるのは、稲作とスマート農業だ。消費が減ったとはいえ、コメはなお日本の主食。田植え機とコンバインの発明で、他の作物に先行して機械の導入が進んだ作物だ。労働時間を劇的に圧縮したこのイノベーションは、兼業化が進む農業に適合した。だがそれがうまく行き過ぎたがゆえに、零細で非効率な農業構造を固定する結果をもたらした。

日本の農業を長く規定してきたその構造を変える可能性があるのが、人工知能（ＡＩ）に象徴される先端テクノロジーだ。平成から令和に時代が変わろうとするとき、あらゆる産業を根底から変えつつある技術革新の波がついに農業界にも及んだ。植物のなかで起きている微細な変化を検知するシステムが登場し、かつては想像できなかった圧倒的な収量を誇る施設が現れた。

では稲作は、システムをどう受容しつつあるのか。ここで語られるのは、幻想の排除だ。スマート農業にいま必要なのは、急激な農場の拡大を人の目で管理してきたベテラン農家の技にキャッチアップすることだ。それが可能になって初めて、先端システムが匠《たくみ》の技を超える未来が見えてくる。

そして本書の後半では、都市農業へと歩を進める。日本の農業は、いかに大規模に効率的にやるかが論議の中心になってきた。あえて強調しなくても、そうした目標で前提になっているのは地方で農業をやることだった。たとえ規模は小さくて効率は低くても、飛び抜けた良食味で市場を獲得することはできる。だがそれも、舞台のほとんどは地方だった。

これに対し、都市農業はずっと蚊帳の外に置かれてきた。それどころか人口が増え、高い経済成長が続いていた時代には、都市近郊の農地は住宅や工場や商店を建てるために供出されるのが当然と思われてきた。ただでさえ農地が狭く、国際競争でハンディを負う日本のなかでも、都市農業は大規模化の余地がまったくない。振興の対象とは考えられてこなかったのだ。

この見捨てられた農業に、いま光が当たろうとしている。埼玉県では農家とレストランや卸、種苗会社がタッグを組み、ヨーロッパの珍しい野菜で地域を盛り上げる挑戦が始まった。都市近郊ゆえに効率性では地方に劣るという弱点を、野菜を使うシェフや消費者が身近にいる強みに逆転させたのだ。都市農業の可能性を活かすモデルの一つとして評価を高めている。

東京にも動きがある。就農者が目指すのは、西多摩地区。東京都瑞穂町で若い夫婦が農業を始めたのをきっかけに、東京都農業会議のバックアップのもとで続々と新規就農者が誕生した。そこから浮かびあがるのは、農業にポジティブに向き合う新しい兼業農家という生き方だ。

最後に本書は、農地のサービス業的利用というテーマにたどりつく。市民農園で快適に農作業できるようにするサービスは、効率的に食料を生産することを目標にしてきた農業とは一線を画す。暮らしに潤いをもたらす糧として、市民たちが作物をつくることを楽しむのだ。その姿は、急速に高齢化しつつある日本社会にとって、最も健全な風景になると思う。

農をその手に取りもどせ――。それが本書に込めた最大のメッセージだ。ますます一握りの農家のものになりつつある田畑を、広く国民に解放する。そこで彼らが得た農業への理解と共感は、未来の農業者を生む土壌となり、日本の農業を応援するためのエネルギーになっていくだろう。

本書は、「日本経済新聞」や日経電子版、日経ビジネスオンライン、マイナビ農業などのメディアで発表してきた文章を大幅に加筆修正し、まとめた。肩書などは原則当時のままとし、敬称は略させていただいた。

二〇一九年十二月

吉田 忠則

目次

第二章 稲作という難題の未来

第三章　農場で生まれるアグリテック

第四章　東京ネオファーマーズの登場

第五章 農をその手に取りもどせ

装丁・新井大輔

第一章

再生のカギを握る農協

JAとなみ野の管内。機械によるタマネギの収穫風景

一　ランボルギーニを買った脱サラ農家

自給自足でいいと思って就農した

群馬県前橋市。葉物野菜のビニールハウスが点在する郊外の一角で、高橋喜久男が車庫のシャッターを開けた。登場したのは、イタリアの自動車メーカー、ランボルギーニ社のアヴェンタドール。エンジンをかけると、真っ赤な車体が大音量でうなりを上げた。まずは農家が栽培者から経営者に脱皮すれば、スーパーカーを買うのも夢ではないという話から始めよう。

高橋が社長を務める高橋農園（前橋市）は、四百棟のビニールハウスでチンゲンサイやホウレンソウ、水菜などの葉物野菜を育てる大規模経営だ。ハウスのほか、八ヘクタールの畑でブロッコリーやゴーヤも栽培している。

ランボルギーニのアヴェンタドールは、郊外なら家一軒を軽く建てられる金額のスーパーカーだ。高橋はそれを二〇一八年にローンに頼らず現金で購入した。目に鮮やかな深紅の車体を選んだのは、ディーラーを一緒に訪ねた幼い孫が、うれしそうに「赤、赤」と言ったからだという。

三十数年前、二十代半ばで就農し、ナスやホウレンソウを栽培し始めた。それまでは、配線など電気関連設備の販売代理店や大手生命保険会社などで営業の仕事をしていた。とくに生保時代は、一カ月の給与が百万円を超えることもある腕っこきの営業マンだった。ただ帰宅が夜遅くになることも多く、子どもとすれ違いの日々を送っていた。農業を始めたのは、もっと家族と身近に接することのできる生活をしたかったからだ。

実家はもともと小さな規模で農業をやっていたが、高橋が就農するころはすでに農業から手をひいていた。家には軽トラもなく、ゼロからのスタートだった。栽培方法は自己流で、失敗もたくさん経験した。「タネをまき、よく発芽したなあと思っていたら、冬が来て寒くなり、もう伸びなくなっておしまい」。当時、栽培を指導してくれた県の職員には今も感謝しているという。

もともとは「自給自足でいいから農業をやるか」という気持ちで就農した。「食べるものはあるんだから、一日の売り上げは三千円あればいい」とも思っていた。農作業に慣れてくると、作物を育てる喜びを感じるようになった。だがいくら栽培が楽しくても、それだけでは三人の子どもがいる家族を養うのは難しい。営業マン時代と比べ、収入は大幅に減っていた。

「ボンッ、ボンッ」と右肩上がりで成長した

子どもの友達が一万円近くもするようなブランドもののシューズを履いていることを知り、「親だけが楽しんでいてはダメだ」と思うようになった。「せめて夏に一回ぐらいは子どもたちを海水浴に連れて行き、冬には温泉に連れて行ってあげたい」。高橋はこのとき、「栽培農家から経

営農家に変わらなければならない」と決意したという。目指したのは規模の拡大だ。

高橋の表現を借りれば、経営を意識するようになってから「ボンッ、ボンッ」という勢いで、右肩上がりで成長してきた。従業員を通年で雇用するため、露地と比べて天候の影響を受けにくいハウス栽培を始めた。当初は六十アールの零細経営だったが、農地を借りてハウスを増やし、一九九六年には法人化した。販路を増やしながら自前の出荷施設を建て、野菜の真空冷却装置を導入し、ハウスも増設し続けた。売上高は四億~五億円に達した。

これまでの歩みをふり返りながら、高橋は「充実していたなあ」と話すが、もちろん苦労もあった。野菜の値段は地域によってまちまちで、一般に地元の市場より都内のほうが高い。農作業のあとに二~三時間仮眠をとったあと、ワンボックスカーに野菜を積み、夜十一時過ぎに東京に向かった。夏なのに冬服を着込み、車内は目いっぱいエアコンをきかせた。野菜が傷むのを防ぐためだ。

出発に間に合うように野菜を束ねるのは妻の仕事だ。積み下ろしを手伝うため、一緒にワンボックスカーに乗り込んだ。三人の子どもたちは、布団をかぶせて車の中で寝かせた。出荷をすませると、朝方に前橋に戻り、そのまま子どもを幼稚園に送り届けた。そのあとは再び農作業だ。

各地の市場に売り込みをかけていた当時の販売姿勢を、「強気で売ってたね」と表現するが、この言葉には注釈が必要だろう。「強気」というのは、採算度外視では売らないという意味だ。ただし、いろいろな産地や農家と競合するなかで、たんに強気なだけでは販路は開拓できない。

ここで高橋が心がけたのが、安定供給だ。天候不順で収量が落ちる可能性があるときは、廃棄を覚悟で多めに作って市場の要望に応えた。生産者の多くは値段が高いときに一気に売って、利益を得ようとする。これに対し、高橋は先行き値段が下がると予想されても出荷を平準化し、市場の期待に応えるように努めた。強気で価格を交渉できたのは、こういう配慮の積み重ねがあったからだ。その結果、売り先は全国の二十以上の市場に広がった。

規模が大きくなったので農協と組んだ

ここで特筆すべきことが一つある。農協との取引だ。

ゼロからスタートし、自ら農場と販路を増やした高橋にとって、農協はもともと接点のない存在だった。周辺の農家は、かつては牛の肥育や養豚など売り上げの大きい畜産が中心。彼らと比べると当時は規模が小さく、取引のきっかけをつかみにくかったという面もある。「自給自足でいい」というスタンスで始めたことを考えると、やむを得ないこととも言えるだろう。ところが、経営規模が大きくなっていく過程で、農協との取引が始まった。

高橋農園の現在の出荷の仕組みは、家族がワンボックスカーに乗り込み、都内の市場を目指した創業期の姿とはまったくの別物だ。全国農業協同組合連合会（全農）の群馬県本部などが手配したトラックが連日、農園が運営する出荷施設に集まり、全国各地の市場へと野菜を運んでいく。どの野菜がいくらで売れたかという情報が、全農から高橋のもとへただちに届き、翌日どこに出荷すべきかを指示する。実際は、高橋がどの程度の値段なら納得するのかを全農の担当者が知っていて、市場に「この値段でないと出せませんよ」と伝えてくれることも多いという。

高橋農園の出荷先は各地にあり、その一つひとつと日々交渉するにはかなりの労力をさく必要がある。その点、全農は各地の市場と毎日接しており、やり取りを代わりにやってもらうことが可能になる。全国規模の全農の配送網に加え、とくに高橋が強調するのは、直接交渉しないことのメリットだ。値段の要望や野菜の品質に関するクレームなどをじかにぶつけ合うと、ときに角が立つこともある。全農はそこで一定のクッションの役割を果たす。

純粋な百姓であるために

農家が法人化し、経営規模が大きくなると、農協と距離を置くようになるのが当たり前という見方が一部にある。家業から企業的経営へと脱皮し、売り先を自分で見つけて農協に頼らなくてすむようになることが、農業経営のあるべき姿だという考え方だ。少なくとも農業を外側から見ている人にはそうした考え方があるし、筆者もかつてそんなふうに考えていた。

これに対し、高橋農園は逆に規模拡大に伴い、農協との関係を強化した。背景にあるのはあくまで経済合理性だ。出荷施設を自ら持ち、売り先の決定権も握っているため、農協に払う手数料がふつうより安いという事情はある。だから高橋は「農協におんぶに抱っこではダメだ」と強調する。農協から自立できる力を持ったうえで、是々非々で農協と手を組んだのだ。

加えて指摘しておきたいのが、高橋があえて六次産業化には手を出さなかったという点だ。平成時代を通してずっと、農家が加工や販売を手がける六次化が農業再生の切り札になると言われてきた。この場合の販売は、農協や市場を通さずにスーパーやレストランに直接売ることを意味している。

実際、大手食品メーカーと張り合い、魅力的な加工食品を作っている農業経営は一定数存在する。それらの商品は、農家ならではの素材の良さを生かしていて、固定ファンをがっちりつかんでいる。大量生産と大量販売を目的にする食品メーカーには出しにくい、特徴のはっきりした商品だ。

だがそれが可能なのは、ごく一部の生産者だ。何となくブームに乗って農産物の加工に手をつけ、設備投資を回収できなかったケースもたくさんある。世の中にあふれかえる加工食品の市場に割って入り、需要を確保するには、マーケティングと加工技術の両面で相当の力が要るからだ。それができれば素晴らしいが、それだけが農家の進むべき方向ではない。

ではなぜ高橋はあえて加工には手を出さず、六次化に進まなかったのか。そのわけを「純粋な百姓として、やっていくことができるかどうかを追求したかった。そのことが一番大きい」と話す。支えてきたのは、栽培に特化して成長していく喜びだ。難しい理屈はそこにはない。

じつは高橋を筆者に紹介してくれたのは、全国的にも有名なある有力農業法人の経営者だ。この農業法人は自社工場で農産物を加工し、農協や市場を通さずに出荷している。六次化で経営を軌道に乗せたことも含め、最も理想的な成功例とされてきた。彼は筆者にこう強調した。
「ずっと我々が注目を集めてきました。でも世の中には、栽培に特化して効率を高め、農協を使って出荷して利益を出している法人もあるんです」

権限が縮小した農協の指導組織

ここ数年、農協改革がずっと農政の中心にあった。

二〇一九年秋、改革が最大の節目を迎えた。農協の指導組織である全国農業協同組合中央会（JA全中）が九月末をもって一般社団法人に移行し、地域農協を指導する権限を失った。監査の権限も手離し、役割が大幅に縮小した。

政府がJA全中の権限を縮小することを正式に決めたのが二〇一五年二月。同十三日に開かれた農林水産業・地域の活力創造本部で、JA全中を農協法にもとづく組織から外すことを柱とする改革の骨格を決定した。

首相の安倍晋三はこのとき、「農家の所得を増やすため、意欲ある担い手と地域農協が力を合わせて創意工夫を発揮し、ブランド化や海外展開を図っていける体制に移行する。これからは農家、地域農協が主役だ」と表明した。あたかもJA全中が地域農協の創意工夫やブランド化や海外展開を阻んでいると受け取められかねない発言だ。

この決定にいたるまで、「強大な権限で地域農協を抑えつけるJA全中」といった宣伝が政府筋から盛んに流れた。だが現場を取材すればわかることだが、地域農協の活動にとってJA全中は空気のような存在だ。農協のなかには農業振興に全力を挙げているところもあれば、農業が衰退して金融収益に頼っているところもある。そのいずれも、JA全中の影響力とは無縁だ。

JA全中は農協法にもとづき、一九五四年に発足した。当時は地域農協の基盤が脆弱だったため、経営を改善するよう農協を指導するのが目的だった。農協の数はピークの一万三千三百十四から二〇一九年三月末の六百四十九まで減り、規模が大きくなって経営体力は格段に増した。JA全中の指導を仰ぐべき立場にはない。だからこそ、空気のような存在になったとも言える。

もしこの改革に意味を持たせるとすれば、設立時の歴史的使命を終えたJA全中が農業に貢献するため、新たな役割を模索するきっかけにするしかないだろう。官邸が主導した権限縮小に対し、地域農協が本気で反対に動かなかったことは、JA全中のあり方が再考を求められている証左でもある。

そしてもう一つ、JA全中が役割を見直さざるを得ない事情がある。政治と農協との関係だ。JA全中が大きな力を振るうことがあったとすれば、地域農協を抑えつけることではなく、全国の農協職員や組合員を動員して選挙で影響力を発揮してきたことだ。JA全中は事実上、JAグループの政治組織の農政連と表裏一体。だが農協の政治力そのものが構造変化で低下した。

二〇一九年の参院選でそのことが鮮明になった。

関係が希薄化する農協と選挙

かつて農協は、自民党の票田として政治面で強大な影響力を誇っていた。農家数が激減したことで、票の行方を左右する力は低下したが、それでも「支持する候補を通すことはできなくても、対立候補を落とすことはできる」と言われてきた。もっともらしい言い方だが、その力も衰えつつある。

二〇一九年六月半ば、秋田市のJAビルの大会議室。参院の秋田選挙区で再選を目指す自民党候補と、農協の全国組織の元幹部で比例代表の山田俊男を励ます会が開かれた。主催はJAグループの政治組織の農政連。約二百人が集まり「日本の農業に必要な人材だ」と盛り上げた。

一カ月後の七月二十一日の参院選で、自民党候補は野党統一候補の新人に敗れた。山田は三選を果たしたものの、個人名の得票数は前々回の約半分に減った。これは地域農協の役職員数とほぼ同じ数字で、選挙運動が広がりを持てなかったことを示す。農協関係者から「ショックだ」という声が漏れた。

選挙には、個別の事情がもちろんある。山田の得票数の減少に関しては、環太平洋経済連携協定（TPP）への参加を阻止できなかったとの不満が組織内にくすぶっていた。だが、一議員に向けるには酷な批判と言うべきだろう。むしろ注目すべきは、農業と農協と政治を取りまく構造変化だ。

変化の一つは、農協の政治離れとでも呼ぶべき現象だ。秋田の農政連によると、この選挙では山田の支持を広げるための「電話作戦」を見送った。職員にボランティアで電話をかけてもらうことをためらったからだ。農協の全国組織によると、六年前の選挙ではほとんどの県の農政連が山田を応援して電話作戦を展開した。二〇一九年の参院選はそれが大幅に減った。

農協の役員のタイプが変わったことも影響している。地域農協の役員のうち、元農協職員など「実務精通者」が占める比率は二〇〇三年の一三%から二〇一六年には一七%に高まった。農協の大型化が進み、金融分野などで詳しい知識を持つ人が必要になったことが背景にある。

代わって減ってきているのは、地域の有力者が役員になるケースだ。農協関係者は彼らを「政治家タイプ」と呼ぶ。農協が集票マシンたりえたのは、役員が政治家のように地域で票を動かす力を持っていたからだ。

農業の発展に資するための現場の要望を、政治に伝えるという機能は、引き続き地域農協と上部組織のJA全中に残る。ただ農協と選挙との関係が希薄になることは、今後も避けられないだろう。両者にいっそう求められるのは本来の役割、様々な面で転換点に立つ農業の再生に貢献することだ。

政権は改革姿勢をアピールしたかった

では政府は、JA全中の権限縮小で、何をしたかったのだろうか。政権が最重要課題に掲げる

TPPに、JA全中は職員を動員し、都内で集会を開いて反対した。JA全中がくり返してきた行動パターンだ。その力を削ぐのが目的だったのか。JAグループが日本のTPP参加を食い止める力がまったくなかったことを考えれば、それほど意味はなかったように思える。

ふり返って考えると、改革をアピールすることが最大の狙いだったとしか思えない。「強大なJA全中を解体した」と強調することは、「農業が厳しいのは農協のせいだ」と思っている人たちに対し、改革姿勢を訴える格好の材料となった。しかも、相手は設立時の使命をとっくに終えた組織であり、選挙に与えるマイナスの影響を心配すべき対象でもない。

もし本気で改革したいのなら、日本の農業構造の根幹にあるコメ関連の補助金などにメスを入れるべきだ。だがそこに手をつければ、農村票の行方を大きく左右するだろう。農政は、そこに踏み込もうとはしない。

JA全中の権限縮小を柱とする改革に限らず、農水省は折に触れては農協を問題視し、改革するよう促してきた。例えば、「農協のあり方についての研究会」が二〇〇三年三月にまとめた報告書には次のようにある。

「一部に先進的JAはあるものの、経済情勢等の変化を踏まえた事業改革が遅れているところも多く、組合員である農業者からも、農協系統を利用するメリットに乏しいとの批判の声が出されている。改革が遅れたJAが多数存在したままでは、食料自給率の向上や国際競争力の向上に十分な役割を発揮していけないのではないかという指摘もなされている」

国際競争力のある他産業と比べ、農業が振るわないのは、農協に責任の大半があると言いたいのだろう。本当にそんな単純な話なのだろうか。

兼業農家が消えゆく農村で

「食の洋風化」という言葉がある。あまり意識せずふつうに使っているが、よく考えると不思議な言葉だ。洋には東洋と西洋の両方があるにもかかわらず、西洋風の食生活を取り入れることをそう表現してきた。

食生活の変化は、その素材を作る農業にも当然変容を迫る。だが食と農の関係は本来、逆の構図にあった。農業は地域の気候風土に左右され、その前提のもとに食生活が形成されてきたからだ。ところが国際貿易が発展し、農産物の輸入が増えたことで、日本人はもともと地域になかった食を享受できるようになった。

問題なのは、本来は変化の起点にあるべき農業が気候風土に縛られ、食生活の変化への対応が難しい点だ。コメではなく、小麦を原料にするパンが食卓で主役の座を占めるようになったのはその典型。最近の品種や加工技術をもってすれば、日本人好みのふっくらとしたパンを国産の小麦で作ることは不可能ではないが、そうなるまでにあまりに時間を要した。ラーメンやパスタ、パンを作るための小麦の九割以上を、今も輸入に頼っている。

農家の立場を離れれば、これは国民にとってはとてもハッピーなことだった。もともと国内で生産が難しかった世界の多様な食べ物を、輸入して楽しむことができるようになったからだ。日本人は食料自給率が四割まで下がったにもかかわらず、食料不足を心配せずに日々を送っている。それどころが、まだ食べられるのに捨てられる食品ロスは、コメの年間消費量の九割に迫る六百四十万トンだ。

海外にその大半を依存し、しかも大量の廃棄が出るようなものを作っている農業の収益性は、当然のことながら極めて低い。だが日本は農業を窮地に陥れるはずのこの事態に、兼業農家という社会システムで対応した。農業の収益性の低さを、会社や工場などで得る別の収入で補ってきたのだ。

その流通の受け皿になったのが、農協だ。加入も脱退も自由で、一人一票制という農協の仕組みは、兼業農家ばかりになった農村構造をそのまま反映した。主な収入が農外にある以上、兼業農家にとって最も合理的な行動は楽に農作業をすることだった。努力して農業の効率を高めることと、所得を増やすために兼業に割く時間を増やすことを天秤にかけ、多くは後者を選んだ。

その構造が、高齢の兼業農家の大量リタイアに伴って急激に変化し始めた。兼業農家の多くが後継者を確保できなかった理由については様々な説明が可能だろうが、単純化して言えば収益性の低さに尽きる。「家業を守るため」「長男だから」といった理由で農家を継いでいるうちはよかったが、世代が下がると農業の利幅の薄さをほかの仕事で補う動機が失われた。

こうして農村から兼業農家が姿を消し始めた。農業を支えるのは、「担い手」と呼ばれる少数の専業農家が中心の構造へと移行しつつある。この現状に対応し、一部の農協も姿を変えようとしている。兼業ではなく、農業収入をメーンとする農家にとって合理的な存在になるために。その仕組み上、農村の構造を反映せざるを得ない農協にとっては必然的な変化だろう。

では農協が、農業に対して果たすべき役割はあるのだろうか。

二　存在感を増す新たな産地

サツマイモのテーマパーク

個人の農家には難しくて、農協にできることとは何か。答えは産地づくり。地域の農家がみんなで同じ作物を作り、競争力を高めることだ。

「顔の見える農家」になることが理想だと何となく思われているが、実際にできる人が限られているからこそ、そこに価値がある。多くの品が農産物でイメージするのは、「魚沼産コシヒカリ」のような地域単位のブランドだ。もし産地という言葉を聞いて「埋没した農家」をイメージするのなら、日々勤勉に会社へ向かうサラリーマンは、雑踏に消える無個性な人びとになってしまうだろう。

そして企業が競争のなかで勝ち残ったり、敗れて淘汰されたりしていくように、産地にも栄枯盛衰がある。だから産地づくりに意味がある。

茨城県の東部、行方市の森と畑に囲まれた地域を車で走ると、「サツマイモのテーマパーク」とでも言うべき一角が現れる。名前は「らぽっぽ　なめがたファーマーズヴィレッジ」。運営しているのは、洋菓子店「らぽっぽ」を運営する白ハト食品工業（大阪府守口市）と、同社がなめがたしおさい農業協同組合（JAなめがたしおさい、神栖市）と共同で作った農業法人「なめがたしろはとファーム」だ。

施設は二〇一五年十月にオープンした。敷地内に広がる畑で栽培しているのは、サツマイモやレンコン、タマネギなど。畑の一部は、貸農園として利用者に開放しているほか、サツマイモの収穫祭など様々なイベントも開く。中核となる建物は、サツマイモを焼き芋や芋けんぴなどに加工する工場と、農産物や加工品を売る店舗やレストラン。さらに、工場の一部を見学できて、サツマイモについて学ぶこともできるミュージアムを併設している。

ここが貴重なのは、地域と調和した施設にするため、廃校になった小学校の校舎を活かして作り上げた点だ。きれいに整備された畑は、周囲に広がっていた雑草だらけの耕作放棄地を、白ハト食品の若い社員たちが開墾して復活させた。地域社会と農業の疲弊にあらがうシンボルとなるテーマパークだ。

スーパーの需要で新たな作物

廃校と耕作放棄地をテーマパークに再生させたプロジェクトの背景には、一九九〇年代のバブル経済の崩壊に伴う食品市場の低迷があった。

「まさか青果物にまで影響が出るとは思わなかった」。JAなめがたしおさい組合長の棚谷保男は当時のことをこうふり返る。とくに打撃を受けたのが、大葉とエシャレットだ。接待や交際費の減少で宴会需要が減り、居酒屋などに供給していた食材の売り上げが急減した。九〇年代後半のことだ。

事態を打開するきっかけになったのが、水菜の生産だ。BSE（狂牛病）のあおりで牛肉の販売にブレーキがかかったあるスーパーが、しゃぶしゃぶ用の豚肉の需要を喚起して乗りきろうとした。課題になったのが、鍋に入れる葉物野菜を何にするかだ。まず思いついたのが京菜だが、単価が高くてスーパーでは扱いにくい。そこで京菜の代わりに、水菜を仕入れることにした。

青果物卸を通じ、この提案がJAなめがたしおさいに届いた。それまで作っていなかった作物を栽培するよう組合員に頼むことは、農協にとってそう簡単なことではない。一人や二人の農家に作ってもらえばいいわけではなく、チームで生産することが条件になるからだ。栽培指導も必要になる。

だが棚谷は「このままでは落ち込む一方だ。失敗を恐れずやるしかない」と考え、この話に乗った。ハウスで大量に生産して単価を下げたことで、水菜の販売は急拡大した。三百万円程度しかなかった水菜の売り上げが、九億円に跳ね上がった。

このとき棚谷は「作ったものをこちらから市場に売り込むより、スーパーから提案されたものを作ったほうがいい」と感じたという。商品の企画や宣伝はスーパーに任せ、産地は発注に応えて作ることに専念する。需要に合わせた生産と言うと当たり前のように聞こえそうだが、実際にそういうふうに動く産地ばかりでないのは、次のサツマイモの例を見ればわかる。

焼き芋で秘伝のマニュアルを作成

サツマイモの生産を提案してきたのはやはりスーパーだった。今度は全国農業協同組合連合会（全農）を通し、「店頭で焼き芋にするサツマイモが欲しい」と要請してきた。JAなめがたしおさいに生産してもらうことをスーパーが名指しで求めてきたわけでなく、他の農協に難色を示された末の要請だった。

理由は「値段を事前に決める」ことを、他の農協が嫌ったからだ。相場の高値で売ってもうけようという一獲千金の発想が、産地にも農家にも根強くあったのだ。かつては相場が高騰したときに一気に稼ぎ、家を建てることができた農家がいた。「スイカ御殿」や「ニンジン御殿」は往時を懐かしむ言葉だ。実際には農産物輸入が増えたことで、一獲千金の夢は遠のいたのだが、それでもあらかじめ値決めすることに抵抗を感じる農家はなお少なくない。

水菜の成功でスーパーの要望に応えるメリットを知っていたJAなめがたしおさいは、この提案にも応えることにした。ただし、今回はたんにスーパーの要望を受け入れて出荷するだけではなく、積極的に企画に関わることにした。一年目の二〇〇三年はうまくいったものの、翌年は栽培に失敗したからだ。焼き芋の品質が安定しなかったのだ。

棚谷によると「焼き芋の焼き方のノウハウは、昔ながらの引き売りなど一部の人たちしか持っていなかった」。直面した課題は二つ。安全のためにスーパーで火を使わず、電気オーブンを使ってもおいしく焼けて、しかも家に持ち帰って食べても味が落ちない品種と焼き方をつきとめることだった。その答えを見つけるため、「農協の施設で毎日毎日焼き芋を食べていた」。

試食を続けた成果として完成したのが、焼き芋の焼き方のマニュアルだ。温度や加熱時間などサツマイモをおいしく焼くための条件を、品種ごとに細かく解説してある「秘伝の書」。「昔ながらの引き売り」が経験と勘で身につけたノウハウを、データをもとに「見える化」し、販売に弾みをつけた。

値段の安定で商機をつかむ

ここで、白ハト食品工業が登場した。JAなめがたしおさいがスーパーを舞台に焼き芋ブームに火をつけたのと同じ時期、白ハト食品は東京の百貨店で焼き芋の販売に力を入れ始めていた。のちにファーマーズヴィレッジにつながる両者の出会いは、白ハト食品が動いて実現した。同社からJAなめがたしおさいに対し「二千平方メートルの畑を探している」と連絡が入ったのだ。サツマイモ畑の「オーナー」になった消費者に収穫などの農作業を体験してもらい、できたサツマイモを提供するビジネスの提案だった。サービス業型の農地利用だ。

ところがいざ募集を始めてみると、集まったオーナーはたった十数人。このとき、白ハト食品は画期的な決断をした。余ったサツマイモをすべて、ＪＡなめがたしおさいが決めた値段で買い取ったのだ。意気に感じたＪＡなめがたしおさいはその後、イチゴの収穫イベントなども組み合わせ、オーナー制度を軌道に乗せた。様々な農産物を扱う農協の強みをフルに発揮したてこ入れ策だ。

これをきっかけに、白ハト食品が製造する大学芋の原料のサツマイモをＪＡなめがたしおさいが提供するようになり、両者の取引は拡大していった。あとは自然な流れで、ファーマーズヴィレッジに行き着いた。

当初、ＪＡなめがたしおさいがサツマイモを納入していたのは、宮崎にある白ハト食品の工場だった。茨城から九州までの長距離輸送で発生するコストを抑えるため、ＪＡなめがたしおさいの地元に工場を造る構想が浮上した。このとき棚谷がこだわったのが工業団地のなかではなく、小学校の跡地に工場を建てることだった。地域社会とのつながりを大事にしたかったからだ。

こうしてサツマイモは、ＪＡなめがたしおさいにとって主力の作物となった。栽培面積は二〇〇五年の四百八十七ヘクタールから二〇一五年には七百ヘクタールに増え、販売金額は十四億五千万円から三十六億九千万円に拡大した。二〇一七年には、ＪＡなめがたしおさい甘藷部会連絡会が農業界で最高の栄誉である天皇杯を受賞した。その理由は、農業の先行きにとって示唆に富む。

「冬場の引き売り販売による高価な商品という印象が強かった焼き芋を、いつでも手軽な値段で買え、味でも勝負できる焼き芋にするため、関係者と連携し、焼き方や味に関わる内容成分の分析を行い、良食味品種の高品質栽培技術を確立させた。地域づくりと農家所得の向上を実現している」

バブル崩壊で痛手を負った農協が、水菜を経てサツマイモという主力の農産物を獲得し、売り上げをV字回復させた。たくさんの組合員と農産物を擁する農協がアクティブに動けば、どんな活路が開けるかが鮮明に浮かびあがる事例だろう。その過程で「動かない農協」の存在も浮き彫りになった。

ここで契約栽培について触れておこう。食品の値段には外部から見ると不思議な慣行がある。レストランのメニューや、スーパーやコンビニの総菜や弁当、加工品などの値段は簡単には変わらないのに、青果物は相場に応じて激しく上下する。ここ数年の天候不順でスーパーの店頭で「レタス一個千円」など目を疑うような高値がついたことは、記憶に新しいだろう。

不作だと数が減るので、需給が逼迫して値段が上がるのは当然。そもそも農産物は農家の利幅が少ない。相場が上がるのは農家の所得を維持するためにも合理的なことと思われそうだが、店頭価格を変えにくい商品の場合は流通のどこかにしわ寄せがいく。焼き芋もそうした商品の一つだ。JAなめがたしおさいと取引したスーパーが「一定の価格で卸してほしい」と求めてきたのはそのためで、同農協はそれに応えることでビジネスチャンスをつかんだ。

これは農業界全体に当てはまるやり方だ。規模が大きくなって全農と取引し始めた高橋喜久男が、出荷を安定させるためにときに廃棄を覚悟で多めに栽培したことに先に触れた。農業法人のなかには同様の方法で出荷を安定させ、相場が高騰したときにも値段を変えず、信頼を勝ち取って業容を大きくしたところが少なくない。相手が困っているときこそ商機なのだ。

富山に誕生したタマネギ産地

産地の話を続けたい。JAなめがたしおさいのケースは、地域にもともとあったサツマイモという作物を、焼き芋に加工するノウハウを確立することで、産地の振興に成功した。次は無から有を生むように産地をつくった例だ。

紹介する農協は、となみ野農業協同組合（JAとなみ野、富山県砺波市）。稲作地帯にあるJAとなみ野が選んだ作物は、タマネギだった。

砺波市の農村を二〇一九年七月に訪ねると、タマネギの収穫が追い込みの時期を迎えていた。ある畑ではタマネギの根を切り、掘りおこす機械がうなりを上げて走っていた。別の畑では掘りおこした後、土の上で一週間ほど乾燥させたタマネギを大型の機械が取り込み、コンテナに自動で積み込んでいた。コンテナはこの後、農協の出荷施設へと向かう。

出荷施設も作業は自動化されている。膨大な量のタマネギが、棚状の機械に乗って上の階に上がっていく様は圧巻だ。規格外のタマネギを手で選別するほかは機械で箱詰めし、アーム型のロボットが箱をつかんで整然と積み上げる。箱の山をフォークリフトがトラックに積み込むと、各地の市場に出荷される。

ＪＡとなみ野の管内は、コメを中心に転作作物の麦や大豆を作る、北陸地方では典型的な稲作地帯だ。タマネギ畑はもともと水田だった。なぜＪＡとなみ野はタマネギの生産に踏み切ったのか。組合長の佐野日出勇はその点について「サトイモやネギ、ニラも考えたが、最後はタマネギで行こうと決断した。この地域はチューリップの有数の産地だからだ」と説明する。

タマネギもチューリップも球根で育つ作物だ。チューリップに合う気候なら、タマネギも栽培できると考えた。加えて重要だったのが、栽培から出荷までの作業をほとんど機械でこなせる点だ。一農家の取り組みではなく、新たに産地をつくる以上、効率化を前提に品目を選んだのだ。

組合員に呼びかけ、タマネギの生産に乗り出したのが二〇〇九年。一年目は二十四軒の農家が参加し、八ヘクタールで百十九トンを収穫した。順調な滑り出しに映るかもしれないが、実際はとても出荷できないタマネギがたくさんできるなど、厳しい出発となった。

最初はピンポン球の大きさだった

新しい作物に挑戦していきなり栽培がうまくいくわけではない。佐野によると、栽培を始めた当初は「ピンポン球やゴルフボールのようなタマネギしかできなかった」。では、どうやって生産者は栽培を安定させることができたのか。ここは直接、農家に話を聞いてみよう。

「最初は小さいタマネギばかりで、十アール当たりの収量は二・五トンしかいかなかった。二〇一八年は六トンをちょっと切るぐらい。多いときは七・七トンとれた。手探りで、我流で栽培技術を身につけていった」

ベテラン農家の斎藤忠信はそうふり返る。タマネギの産地ではないので、県の職員も農協のスタッフも作り方を知らなかった。頼みの綱は、長年農家をやってきた経験だ。このとき斎藤は、自分が稲作を始めたときに先輩農家が言った「葉齢調査をしろ」という言葉を思い出したという。

斎藤は自分の手法を我流と表現したが、けして非科学的なものではなかった。一日にどれだけ肥料をやれば根や葉が伸びるのかを計測し、施肥の効果を確かめた。もともと水田だった場所に植えるため、しっかり排水することの大切さも知った。その結果、「タマネギの性格がわかってきた」。

栽培のコツをつかみ、収量が急増したのが四年目。こうやって自分の手で確かめたことを、斎藤が地域の仲間に伝えることで、JAとなみ野はタマネギの新興産地として成長していった。栽培技術を習得するには教科書だけではダメで、田畑や作物と実際に向き合うことの大事さを示す好例と言えるだろう。そして、まじめに栽培に取り組めば、作り方はおのずと見えてくる。

栽培が安定してくると、富山でタマネギを作ることの強みも明らかになっていった。栽培スケジュールを簡単に説明すると、十月ごろに定植した後、十二月から二〜三月の初めごろまでは畑が雪に覆われる。雪が溶けると追肥して、六月に収穫する。保存が利くように乾燥させ、七～八月に出荷する。

この出荷時期がJAとなみ野の強みとなった。これまでタマネギは佐賀と兵庫（淡路島）、北海道が産地として有名だった。この産地リレーで端境期になるのが、七月から八月。ちょうど品薄になる時期に、富山のタマネギが市場に流れるわけだ。もちろんただ出荷すれば売れるわけではなく、JAとなみ野のスタッフが県内外の市場や卸などを回り、売り先を開拓していった。

スピード感は組合長の指導力次第

二〇一九年は二百ヘクタール弱の畑で一万トンを超す収量を上げるまでになった。富山県のタマネギ生産のほとんどをこの地域が占める。北海道や佐賀、淡路島を擁する兵庫県など既存の主産地と比べると、生産量はまだ少ない。ただ多くの産地が伸び悩むなかで、富山県は出荷量が急伸中だ。関東や関西でも売れるなど、タマネギの産地として認められるようになった。

ところで、JAとなみ野が水田だった農地を畑にし、タマネギを作り始めたのは、機械で作業できるという栽培上の理由のほかに、稲作地帯であるがゆえの危機感が背景にあった。組合長の佐野は次のように語る。

「少子高齢化でコメの消費は急激に減りつつある。稲作が今日こうなることは、十年前からわかっていた。何の工夫もせず、放っておけば、組合員が大変なことになると考えた」

コメ単作から複合経営への移行は、稲作地帯の多くが考えることだ。だが、頭で考えるだけなのと、実際に行動に移し、軌道に乗せるのとはまったく違う。佐野が「タマネギを作ろう」と提案したとき、農協の理事会では「なぜタマネギなんだ」という激しい反対意見が出たという。家庭菜園で品目を増やすのと違い、新たな産地をつくるのはそう簡単なことではない。だが、佐野は「タマネギを作ろう」と農協の役員たちを説得した。こうしてJAとなみ野の管内は、北陸の新たなタマネギ産地として地位を確立した。

農業法人や農業に参入した企業と比べ、ことさら農協が優れていると主張したいわけではない。問題と思うのは逆で、農協という組織が株式会社と比べてどこか劣位にあるかのように思われてきた点だ。これまで協同組合は株式会社と違い、組合員の「一人一票制」なので、意思決定が迅速さに欠けると説明されることが多かった。筆者もかつてそんなふうに考えていた。

実際、JAとなみ野のタマネギの出荷施設を組合員と視察に来た別のある農協の職員は、見学後に浮かない表情を見せた。「JAとなみ野を見習って産地づくりにもっと力を入れろ」と組合員からつき上げられるのを想像したからだった。もし何かを具体的に実行に移そうとすれば、JAとなみ野のように関係者をねばり強く説得することも必要になるだろう。

結論から言えば、株式会社の農業法人も協同組合の農協も、頑張っているところもあれば、そうでないところもある。そしてJAとなみ野を見ればわかるように、組合長が強いリーダーシップを発揮すれば、産地という大きな単位で事態を突破するきっかけをつかむことができる。経営のスピード感の違いは、必ずしも組織の形態には依存しない。

佐野は今も新しいことに挑戦しようと職員にはっぱをかけている。取材で話題がその点に及ぶと、職員は「もう大変です」と話していた。農協は遅れた農業の仕組みの象徴と見られがちだが、すべてがぬるま湯につかっているわけではないのだ。

二〇一八年のコメの減反廃止

農業はいつも様々な形で政策の影響を受けている。多くの作物が補助金や低利融資など何らかの形で制度に支えられている以上、経営が農政に左右されるのは、やむを得ないこととも言える。だがそういうなかにあっても、政策に任せきりにせず、自らが理想と思う農業のあり方を追求している農業関係者がいる。秋田ふるさと農業協同組合（JA秋田ふるさと、横手市）の組合長、小田嶋契もそうした一人だ。

小田嶋の農協運営で異彩を放ったのが、二〇一八年に農林水産省が実施したコメの生産調整（減反）見直しへの対応だ。

農水省は毎年、都道府県に対して主食米の生産量の上限を指示してきた。上限を段階的に引き下げることで、生産量を減らしてきた。コメ消費の減少に対応し、米価の下落を防ぐのが目的だ。約半世紀にわたって続けてきたこの仕組みを、農水省は二〇一七年を最後に廃止した。

この改定に対し、相反する予測が事前にあった。国が上限を指示しなくなるので、増産の動きが盛んになるという見方が一つ。これに対し、上限の指示はなくなっても、コメを家畜のエサに回したときに出す補助金などは残るので、実態は変わらないという見通しもあった。

結果はほぼ後者の形になった。自治体や農協が連携して主食米の生産を減らす計画を作り、多くの生産者がそれに従った。かつてのように制度による強制ではない。食生活の変化や人口減少でコメ消費は減り続けているので、産地がいっせいに増産に走ればコメが余る。自治体も農協も農家もそのことを懸念した。予想通り、飼料米の補助金が計画の達成を大きく後押しした。

多くの産地のこうした行動は一見、合理的に見える。だがよく考えてみれば、民間の経済活動として疑問符がつく。すべての産地が同じ競争力を持っているわけではないからだ。おいしいコメの生産に適した気候かどうか、効率的に生産できる平地かどうかで競争力に大きく差が出る。生産と販売の両面にわたる産地の努力も競争力に影響する。

市場は縮小していても、競争力に自信があるのなら、制度の見直しをきっかけに攻めに転じるという選択肢もある。それを検討してみるのが民間の本来の姿だ。だが制度による強制はなくても、農協の間では「抜け駆けは認めない」との雰囲気が強く、ほとんどは制度が変わる前と同じ行動を続けた。

コメの増産にカジを切った組合長

例外がJA秋田ふるさとだ。小田嶋は農協内部のムードを気にせず、「秋田はコメの主産地。

生産を増やして当然」と言い切った。主食米の作付面積を二〇一八年は前年比で一九・一％増やし、二〇一九年も二・一％増やした。一九年の伸び率が小さいのは、前年に天候不順で収量が落ちたことを踏まえ、栽培をもっときちんとやるべきだと考えたからだ。ほかの農協の動きに同調し、主食米の増産に及び腰になったわけではない。

小田嶋は二〇一八年になって突然、増産を決めたわけではない。農水省が二〇一三年に「五年後に上限を指示するのをやめる」と表明したとき、「これはチャンスだ」と考えた。多くの農協が米価の下落を心配するなかで、小田嶋には別の思いが頭をよぎっていた。「そもそも約半世紀前に生産調整が始まったとき、多くの農協は減産に反対したではないか」。農協がコメの増産の旗を振っていたかつての姿に立ち返ろうと考えたのだ。

だから二〇一八年の制度改定をにらみ、周到に準備を進めてきた。コメの販売拡大を目指し、有力なコメ卸との連携を強化したことがその柱だ。卸との商談を収穫の一年前から始めるようにすることで、売れ残りを心配せず、翌年の増産を自信を持って農家に勧められる態勢を整えた。

もちろん、このやり方を通用させるには、卸が求めるコメの品質を保つことが必要だ。そのために栽培指導を徹底しているが、一連の努力を支えているのは「生産振興こそ農協の使命」という信念だ。秋田がコメの有力な産地である以上、小田嶋にとってコメの増産は自明の目標だった。

二〇一八年にJA秋田ふるさとが主食米の生産拡大を表明したとき、ちょっとした騒ぎが起きた。「考え方を聞きたい」。増産で市場が混乱するのを心配した農水省の職員が三月に同農協を訪ね、こう問いただした。小田嶋は卸やスーパーの実名や数量を、資料を見せて一つひとつ説明しながら、「売り先は確保してある」と強調した。農水省の職員は反論できなかったという。

この一幕で、生産調整の見直しに対する農水省の本音が透けて見えた。二〇一三年に五年後の見直しを決めたとき、農水省は「行政による生産数量目標の配分に頼らずとも、需要に応じて主食用米が生産されるように環境整備する」と説明した。農協も含めた民間の自主性に委ねるように見せておきながら、実際のところ民間が合理的に動くとは信じていないのだ。

地域ごとに異なる条件に応じ、適した作物を作るのが農業にとって最も大事なことだ。にもかかわらず農水省は、コメに関しては全国一律に減産を進めてきた。その制度が変わったことで、多様な選択肢が浮上した。小田嶋にとってそれは、コメの生産と販売で攻めに転じることだった。

コメの減反が廃止されたのかどうかについては、今も見方が分かれているが、シンプルに考えればいいのだと思う。これまでは農家や農業法人が個別に減反に応じないことはあったが、二〇一八年を境にJA秋田ふるさとのように産地ごと増産に転じる地域が出た。新潟も生産を拡大した。全国一律にコメの生産の抑制を行政が求める減反は、たしかに廃止になったのだ。

一方、生産調整は残った。調整の方向は、減産もあれば増産もある。コメの競争力に自信のある産地は、早晩増産を検討し始めるだろう。そもそも減産しながら生産を効率化することなど至難の業だ。効率化しなければ、価格競争で競り負ける。これに対し、コメの競争力に自信のない産地は、コメ以外の作物に転じて活路を模索する。実際、西日本では掲げた目標に生産量が届かない産地も出始めている。いずれこの二極化がもっと鮮明になる。

生産者が参加して振興計画を作った

ＪＡ秋田ふるさとの管内は稲作地帯だが、シイタケやスイカ、リンゴ、アスパラガスなどにも力を入れている。それに関連して二〇一九年からやり方を改めたことが一つある。三年ごとに改定する地域農業振興計画の作り方だ。今回の期間は二〇二二年までの三年間で、二〇一九年三月の臨時総代会で決定した。

これまでは農協の職員が横手市などと相談しながら品目ごとに生産や販売に関する計画を立て、農家の代表が集まる総代会でそれを追認していた。小田嶋は「それでは農家が当事者意識を持てない」と考えた。

そこで今回は、作物ごとの農家の集まりに小田嶋が出席し、計画を自分たちで作ってほしいと訴えた。「三年後に自分はどんな経営をしているのか。生産を増やす気があるのか、現状維持か、それともやめてしまうのか」。そんなシビアな問いかけをしたのは、自分たちの現状を冷静に見つめることで、向こう三年間で何をしなければならないかを考えてほしかったからだ。

そうしてまとめた計画には、農協が重点的に実施すべき項目として「マーケットインに基づく生産体制の確立」や「生産コスト低減による農業経営の支援」などを掲げるとともに、品目ごとに生産数量と販売金額の目標を明記した。小田嶋は「中身がこれまでとそう大きく変わったわけではない」と謙遜するが、作物ごとに直面する課題と将来のあるべき姿についての認識を、農家同士、そして農家と農協の間で共有できたことの意義は大きい。

地域農業振興計画の作り方を変えようと思ったのは、農水省が進める「人・農地プラン」に疑問を抱いたことがきっかけだった。地域ごとの話し合いを通して中心となって農業を担う人を決め、行政が様々な政策でサポートする制度で、二〇一二年にスタートした。だが、小田嶋は農水省のこの重点施策について「形式的なものになりがちだ」と話す。

理由は「地域の将来をとりあえず誰かに丸投げし、『あいつがやってくれればいい』というノリになってしまう」と感じたからだ。農業のあり方は地域と不可分だが、同じ地域のなかにもいろいろな作物がある。それを地域でひとくくりにしようとするから、どこか人ごとになり、ともすると安易な人選になる。

実際、筆者の取材でも、規模拡大の意欲がなく、後継者もいない高齢の零細農家を担い手として選んだ例があった。この地域の自治体の職員は「手を挙げられたら、拒むことはできない」と話していた。農水省が旗を振っている重点政策なので、形だけ担い手のリストを作ったことは明らかだろう。

JA秋田ふるさとが同じ品目を作る農家同士で話し合った結果を積み上げて計画を作ったのは、そうした事態を防ぐためだった。「この地域の農業をどうするか」ではなく、「この作物をどう発展させるか」をテーマにしたほうが、当事者意識が高まり、各作物の振興につながると考えた。

安定供給こそ産地の使命

小田嶋がこうした取り組みを始めたのは、農業界にある「人任せ体質」の危うさを憂慮しているからだ。「生産者は何かうまくいかないことがあると『農協が悪い』と言い、農協は『上部団体の連合会が悪い』とこぼし、さらに農業界は『国が悪い』と批判する」。農協を運営してきて痛感したことだ。

農業界に渦巻く様々な愚痴は、常に天候に左右される農業の本質に関わっているように思う。栽培がうまくいかなかったとき、「天候が良くなかった」と嘆くか、それとも「準備が足りなかった」と考えるか。対処のしようがない巨大災害はいったん脇に置くとして、トラブルにどう向き合うかで経営の先行きは変わる。

もし事業がうまくいっていないなら、小田嶋の様々な言葉はかけ声倒れに聞こえるかもしれないが、実際は逆。よく農協に対して「農薬や肥料の調達、農産物の販売など経済事業の赤字を、金融事業の黒字で補塡している」といった批判がなされるが、JA秋田ふるさとは両事業とも利益が出ている。

これまで何度か触れたように、かつて農業取材を始めたとき、何となく農協に対してネガティブなイメージを持っていた。農協を利用せず、農家が直接農産物を販売することが、ビジネスとして正しいことのように思っていた。

見方が変化したきっかけの一つに、食料問題を考えるようになったことがある。東日本大震災が起きたとき、コンビニやスーパーの店頭から一時、コメやパンが消えた。「食料が足りない」という危機感が少しでも人びとの頭をよぎると、社会は大きく動揺する。他の消費財とは違うインパクトの大きさがある。

重要なのは、適正な価格で安定的に食料が供給されることだ。個の力で頑張る農家や農業法人の経営者に取材していると、まぶしいくらいの魅力を感じることが度々ある。リスクに向き合い、新たなビジネスの形をつくる彼らの姿は、農業の未来の希望を象徴しているように見える。

ただ、すべての生産者が自分で農産物を加工したり販売したりできるわけではないし、もしやろうとしたらマクロで見て大きな非効率になる。販売コストが膨大な規模に積み上がってしまうからだ。そして、多くの生産者にとって大切なことは、安心して栽培に専念できることだろう。

長く続いた農業の収益性の低さゆえに産地が疲弊し、各地で耕作放棄地が広がっている。そうした危機的状況のなかで、外食チェーンやスーパーのバイヤーは、生き残った産地との関係強化に躍起になっている。輸入物ですべてをまかなうことはできないし、日本人の国産志向は依然として強いからだ。

小田嶋は「特定の作物を特定の人だけが作っている状態を、産地とは言わない。誰もがふつうに作っていて、欲しいと思う人に安定的に供給できるのが産地だ」と話す。そこに農協の果たすべき重要な役割がある。

第二章

稲作という難題の未来

越後ファームの「雪蔵」。雪の冷気でコメを貯蔵する

一　市場創造で消費減退にあらがう

食料基盤の三要素

食料自給力という指標がある。農水省が二〇一五年から発表し始めた指標で、日本が持つ食料の潜在的な生産能力を指す。わかりやすく言えばいざというとき、荒れ地の開墾も含めて農地をフルに活用し、国民にカロリーや栄養をどれだけ供給できるかを示す。農地や農業用水などの農業資源、農業技術、そして農業就業者の三つで構成する。

よく混同されがちだが、食料自給率とはまったく別の概念だ。自給率は国内の食料消費を国産でどれだけまかなえているかを示す指標で、ここしばらくカロリーベースで四割程度で推移している。ふつうはこの水準の低さをもって、輸入に多くを依存する日本の食料事情の危うさの根拠とされる。

自給率に関しては、企業的な経営が続々誕生している野菜が、カロリーの低さゆえにほとんどカウントされない点や、飼料を海外に依存する畜産が低めに評価される点などが批判の対象になっている。だから自給率が今の水準のままで問題ないとするのは乱暴だと思うが、賛否それぞれ論点が出尽くしているのでここでは割愛したい。

注目したいのは、自給力のほうだ。農水省によると、コメや麦を中心に栄養バランスを考慮して作付けした場合、二〇一八年度の一人一日当たりの自給力は千四百二十九カロリーと、必要量を三三％下回った。三人に一人が体重を維持することのできない水準だ。その状態が続けば餓死のリスクが高まる。栄養を考慮しなければ必要なカロリーを満たせるが、栄養失調で病気になる恐れがある。

しかも問題なのは、この自給力が下がり続けていることだ。技術面で言えば、コメや小麦の単位面積当たりの生産量の減少が顕著。農業資源では二〇一七年から一八年にかけて耕地面積が二万ヘクタール減り、就業者も減少に歯止めがかかっていない。その結果、潜在生産力が細る。

本書の問題意識は、この三要素を背景にしている。技術面ではスマート農業という言葉が登場し、人工知能（ＡＩ）や情報通信技術（ＩＣＴ）を活用した農業がもてはやされているが、それは現場でどのように受容されているのか。人の面ではこれからどんな農業者が農地を守っていくのか。どうすれば未来の農業者を確保できるのか。

そして農地に関して最も大きな困難に直面しているのが稲作だ。日本の農家のほとんどが稲作に携わっており、稲作問題イコール農地問題でもある。その稲作農家が、高齢化により急激に引退が進みつつある。国全体の人口減少による市場の縮小が最も深刻なのも稲作だ。日本の代表的な土地利用型作物である稲作はどこへ向かおうとしているのだろうか。

画一化するコメのブランド競争

先細る市場を奪い合うかのように、コメのブランド競争が激しさを増している。毎年のように各地で自称「ブランド米」が登場しては、知事が米俵を横目に「当県が自信を持ってお薦めできるおいしいお米ができた。ぜひ味わってほしい」などと訴える。

アピールするポイントはだいたい決まっている。品質で言えば「甘い」「粘りがある」の二つが定番。もう少し具体的に「コシヒカリよりおいしい」と強調することもある。コシヒカリが良食味で最もポピュラーな品種だからだ。あえてもっと絞り込んで「南魚沼産より上」とは言わない点が、やや及び腰だと感じたりもする。

これらに加えて最近、「猛暑に強い」ということを強みとして打ち出すパターンも増えてきた。スーパーや外食チェーンのバイヤーが「毎年が異常気象」と嘆くほど天候不順が続くなか、夏の極端な暑さについては、もはや異常というより、常態のようになってきた。新しい品種を広めるうえで、暑さに強い点を前面に出すのは当然と言えるだろう。だがそれも、味の良さを強調したあとにつけ加えるのが一般的だ。

コメも食べ物である以上、ほかと差を出すために味で勝負したくなる気もわかる。とくにほかより高く買ってもらおうと思えば、「味はふつうです」などと言えるわけがない。だが、そうした発表の席で、炊きたてのご飯を食べながら、関係者たちがいかにも満足げにしている様子を見ると思ってしまうのだ。飛び抜けておいしいコメなど本当はどれだけあるのだろう。

産地が等しく目標にしているのが、日本穀物検定協会が毎年実施している食味ランキングで最上級の「特A」を取ることだ。だが、特Aになったところで、どれだけ高値で売ることができるのだろうか。二〇一八年産で特Aを取ったコメは五十五と、前年より十二増えた。

日本のコメはすでにおしなべて一定の高水準に達している。ごくまれに外食店などで眉をひそめたくなるような味のご飯に遭遇する。生育の悪い小さいコメや砕けたコメを混ぜるなど、味を犠牲にしてコストを下げているからだろう。そうでなければ、「ふつうの味」で十分においしい。

一方、新しい品種の発表会で、「コシヒカリよりおいしい」と表現するのはある意味、間違っていない。食味ランキングで審査員が味の基準にしているのは、コシヒカリのブレンドだ。品種開発も、コシヒカリの持っている特徴をより突き詰めることが目標になっている。その二つが「甘さ」と「粘り」。画一的な味の追求のなかで、僅差で競い合っているのがコメの実情だ。

だが、目指すべき方向は別にもある。そんな例を紹介したい。

料理専用米の登場

「このご飯、おかずが要らないくらいおいしいね」

そう言われて、うれしくない農家はいないだろう。だが実際はおかずなしでご飯を食べることなどまずない。それどころか、いろいろな具材と一緒に炒めたり、おにぎりにして食べることも珍しくない。

農業法人の御稲プライマル（福島県本宮市）は、そんなニーズに応えるコメを販売している。料理に合わせた専用米は、用途別に「カレーライス」「チャーハン」「炊き込みご飯」「おにぎり」の四種類ある。いったいどんなコメなのか、社長の後藤正人の説明を聞いてみよう。

「カレーのスパイシーなルーに、ご飯は味で勝てない。食感で存在感を出せるよう粒が大きくてしっかりしたコメにした」

「チャーハンで大事なのはご飯のぱらぱら感。炒めたときにダマになったり、しゃもじにくっついたりしないコメにした」

「炊き込みご飯で皆さん苦労するのは水加減。炊いたときに汁がしみ込みやすくて、べちゃっとしないようなコメにした」

「おにぎりは炊きたてではなく、冷めてから食べることが少なくない。そこで時間がたっても味が落ちにくいコメにした」

「そんな魔法のようなコメが本当にあるのか」と突っ込まれそうだが、秘密は複数の品種のブレンドの仕方にある。コメの水分やタンパク質の量、炊飯後の粘りや硬さ、さらにアミノ酸の一種で血圧を下げる効果があるとされる「GABA（ギャバ）」などの数値を計測する。その結果をもとに、ご飯の食べ方に合うようにどんな品種をどうブレンドするかを工夫した。

扱っている品種はコシヒカリやひとめぼれなど十一種類ある。しかも重要なのは、同じコシヒカリでも単純に一つの品種とみなしていないことだ。田んぼがある地域と品種ごとに収穫後にコメの成分を計測し、データにもとづいて混ぜる比率を変えている。このブレンドの技術ですでに特許も取得した。

東日本大震災が転機になった

高齢化と人口減少で日本人のコメを食べる量は減り続けている。後藤は以前から「これまでのやり方では通用しない」と感じていたという。その危機感が思わぬ形で顕在化した。二〇一一年の東日本大震災だ。

福島県は全国でも有数のコメ所で、かつては「福島だからおいしい」という理由で売れていた。ところが震災後は、いくらデータをもとに安全性を訴えても「福島だから」という理由で敬遠された。とくに御稲プライマルは、個人客が贈答用に買っていた分が影響を受けた。

これをきっかけに、後藤はかねてあたためていたアイデアを具体化させた。「消費者がコメを買うための情報は産地と銘柄、栽培方法、値段ぐらいしかない。食べるシーンに合わせてコメを提供したい」。その答えがコメの成分の数値化だった。料理に合わせたブレンド米を二〇一五年に商品化した。

この路線はその後も進化し続けている。注力しているのが、オーダーメードのコメのブレンドだ。「弾力」「香り」「甘み」などを数値化し、「カスタム米」という名称でレストランなどの要望に応じてコメを調合する。特Aなどの評価とは無関係。ここまでいくと、コシヒカリなどの品種の名前はコメの用途の後方に溶けて消える。

こうした後藤の挑戦は、震災をいかに乗り越えるかという文脈のなかだけで理解すべき話ではない。むしろ震災という特殊な状況を通し、稲作全体が直面する課題への答えが見えてきたと考えたほうがいい。特Aをシンボルとし、画一的な味を僅差で競い合う状況からの脱却だ。

コメの需要動向を見れば、目指すべき方向ははっきりしている。コンビニやスーパー、総菜店が売る弁当やおにぎりなどを中食と呼ぶ。農水省によると、レストランなどの外食と中食がコメ消費に占める比率は、一九八五年度の一五・二%から二〇一八年度に三〇%まで高まった。代わって減ってきたのが、家庭でコメを炊いて食べる比率だ。料理専用米は、コメを食べるシーンのこうした変化にきめ細かく対応しようとする試みなのだ。

何をどう食べるかは、時代とともに変化する。コメもその例外ではない。御稲プライマルの作業場には「今こそ米造魂の継続を！」と大書した掛け軸が掲げられている。震災後に顧客が書道家に頼んで書いてもらったものを、贈ってきてくれた。同社は震災後も業容の拡大が続いている。需要に科学的に対応する新たな「米造魂」が成長の原動力になっている。

驚きのモチモチ玄米

御稲プライマルのケースは、ご飯の食べ方の変化に応えようとする試みだった。これに対し、コメの新たな需要を喚起しようとする挑戦もある。キーワードは健康志向。高齢化が急速に進む日本で、この需要にどう応えるかは今後ますます重要になる。

意識しているかどうかにかかわらず、我々は様々な情報を手がかりに何を食べるかを決めている。「疲労回復効果があるビタミンBをたっぷり含む」「職人が一つひとつ手作りした」「有名なタレントが薦めている」「環境への負荷が小さい無農薬栽培です」などなど。ただし、情報だけでつくることができるマーケットは限定的で、おいしさを伴わなければ持続できない。

稲のモミからモミ殻を取り除いた状態の玄米を例にとってみよう。玄米からさらに糠層を削り取ってできる精米と比べ、ビタミンやミネラル、食物繊維を豊富に含んでいることが知られている。タレントとの関連で言えば、元AKB48で女優の篠田麻里子の「玄米婚」が話題になった。

ここまでは多くの人が知っていても、実際に玄米を日々食べている人はそう多くない。炊いても硬かったり、ぱさついていたりして、食べやすくないからだ。だからふつうは軟らかい白米を食べる。このジレンマを解決したのが、ベンチャー企業の「結わえる」（東京・千代田）だ。

商品名は「寝かせ玄米」。試みに、この商品のパックをレンジで温めて食べてみて、ちょっと驚いた。パックに「もっちもち！」と書いてあるので、食べやすいだろうと想像はしていたが、モチモチ感は予想を超えた。アミロースの含有量が少なく、粘性の高いコメが最近のはやり。そうした品種の白米ご飯と比べても、引けを取らない食感の良さだった。

結わえるは創業が二〇〇九年。玄米のパックご飯をインターネットで販売しているだけでなく、玄米ご飯を楽しめる飲食店なども運営している。社長の荻野芳隆は「世の中の食生活を変えたい」という思いで起業した。目指すのは、日本の伝統的な生活や文化を現代にアレンジすることだ。

原点は二つある。起業前にコンサルティング会社で働いていたころ、伝統的な産業や農業を商品開発やマーケティングなどで応援した。地方の衰退を食い止めるための仕事だ。同じころ、食生活の改善に取り組む活動に出会い、玄米に注目するようになった。ただし、社会的な意義があっても、ビジネスとして軌道に乗せ、収益を確保できなければ活動は続かない。

起業に際し、禁欲的な食生活を掲げようと思ったわけではない。「肉も魚も酒もダメ」といった極端な生活は、ほとんどの人にとって無理があるからだ。そこで肉やラーメン、酒などの「快楽食」と健康に資する「基本食」に分け、両者にメリハリをつけるというコンセプトを打ち出した。後者の中心にすえたのが玄米だ。そこで玄米をいかに食べやすくするかを追求した。

モチモチの食感を実現した製法の細部は企業秘密。筆者はその現場を取材したが、差し支えない範囲で表現すると「オリジナルな圧力釜で炊飯し、その後、高圧・高温で調理し、完成させる」。荻野は起業前、玄米を出す店を訪ねる一方、いろいろな方法で自分で炊いてみて「白米よりおいしくなる可能性がある」との手応えを得たという。

玄米需要で復活したベテラン農家

御稲プライマルの例で触れたが、コメの消費が年々縮小するなかで、ご飯を食べる場面として比率が高まっているのが、中食と外食だ。なかでもとくに需要の拡大を見込めるのが、レンジで加熱すればすむパックご飯やレトルトのお粥などだろう。

夫婦共働きがふつうになり、生活の忙しさが増す現代社会で、多くの人がご飯に求めているのは、炊いたり食器を洗ったりする手間を省くことだ。「寝かせ玄米」はその手軽さに、栄養価の高さという付加価値をつけた。

玄米の需要を増やす新商品が登場したことで、コメの生産現場も活気づく。消費減退に直面する稲作に、栽培を広げるチャンスをもたらす。

茨城県稲敷市で農業法人の「東町自然有機農法」を経営しているベテラン農家、大野満雄はその一人だ。三十ヘクタールの自社農場と、仲間の農家を合わせ、合計で九十ヘクタール分のコメを販売している大規模経営だ。法人名が示すように、無農薬や減農薬にこだわってきた。

結わえると取引するようになったきっかけは、二〇一一年の東日本大震災だ。風評被害による売り上げの急減に直面した大野は、団地を一軒一軒回ってコメを売り歩くなど、売り先を見つけるために奔走していた。大野はそのときの気持ちを「不安でしかたがなかった。自分の気持ちを落ち着かせるためにやっていたようなもの」とふり返る。だが、呼び鈴を三十軒ならして、ようやく一軒がドアを開けてくれる程度。売り上げの回復はおぼつかなかった。

インターネットでも売り先を探してみた。そのとき偶然見つけたのが、創業から三年目の結わえるだった。藁にもすがる思いで電話してみると、社長の荻野が「ちょうどお米を探しているところです。サンプルを持ってきてくれませんか」と言ってくれた。その後、同社の成長と歩調を合わせるように取引が増え、いまや大野が扱うコメの大半を占めるようになった。

「結わえるがこんなに大きくなるとは想像してなかった。今は地域の農業を守っていけるという気持ちになれた」。大野のこの言葉は、結わえるの創業の精神とも重なり合う。「健康のための食」を食べやすさと両立させ、ビジネスとして広がりを持たせることで地域が活性化する。

世界を覆うビーガン食の大波

次の話題は、コメをコメとして食べることから遠ざかる。

あらゆる動物性の食品を食べない「ビーガン」向けの料理が、欧米発で世界に広がりつつある。一般の菜食主義とは違い、卵や乳製品も食べないのが特徴で、その徹底ぶりから完全菜食主義者などと訳される。

ビーガンの背景には、道徳上の観点から肉を食べるべきではないとする考え方や、大量の水や穀物の消費など畜産が環境に与える負荷への配慮、ヘルシーな食生活をしたいという思いなど様々にある。一部の人が追求してきた食事の取り方から、より多くの人びとの食習慣に浸透したことに伴い、菜食主義を取り入れる理由も当然広がりを持つようになる。

本書が関心を持つのは、そうした思想や心情に関わる背景ではなく、食品開発という技術的な側面だ。サッカーが手でボールを投げることを原則禁じたことで、ボールを蹴る技術が驚異的に発達したように、ルールによる制約はときにある際立った進化を促す。ビーガン向けの料理がビジネスとしての意味合いが強まるなか、食品開発に新たな可能性が開けてきた。

ビーガン食がついに日本の稲作と接点を持ったのだ。

二〇一九年七月に横浜市の国際展示場で開かれた「お米産業展」で、たくさんの入場者でにぎわうブースがあった。小さくカットしたフランスパンを、チーズフォンデュのとろけるチーズでくるんで食べてみると、濃厚な味が広がる――。知らずに試食すればそう書いてしまいそうなところだが、じつはもち米で作ったチーズ風食品だ。乳製品はいっさい使っていない。

出展したのは、洋菓子メーカーのモチクリームジャパン（神戸市）だ。もち米チーズを開発したきっかけは、米シカゴで二〇一八年五月に開かれた食品関連サービスの展示会に出品したことにある。大福餅に生クリームを加えた冷菓を宣伝するため、会場を訪れた専務の海老沢靖は、米国を覆う食の新たなトレンドを目の当たりにして衝撃を受けた。大豆でパテを作ったハンバーガーのブースに、ひときわ大勢の人だかりができていたのだ。

植物由来の代替食品の注目の高さを知った海老沢は、冷菓と一緒に会場に持ってきていた「冷めても固まらない餅」という独自商品を携えてピザ店のブースに行き、「これでピザを焼いてみないか」と提案した。焼き上がったピザを食べた相手は餅が伸びるのに驚きながらも、「チーズの味ではない」と突き放した。もち米を使った代替チーズの開発はこうして始まった。

もち米が原料の「チーズ」が登場した

開発のポイントは二つあった。一つは冷めたときの硬さだ。冷めるとかちかちになるふつうの餅はチーズにはほど遠い。ただ同社が特許を持つ固まらない餅も、チューブのりのように軟らかく、やはりチーズとは異なる。そこで両者の中間の硬さになるよう加工の仕方を工夫した。もう一つが味と香りだ。チーズの成分を詳しく調べ、もち粉や油、塩、酵母など様々な素材を混ぜて味や食感をチーズに近づけた。香りの決め手になったのが酒かすだ。「チーズ独特の香り」と思われがちだが、同じ発酵食品の酒かすや甘酒のパウダーを加えることでチーズとほぼ同じ香りになった。

決定的な違いもある。チーズはタンパク質を多く含むのに対し、もち粉で作ったチーズ風食品は炭水化物が中心になっている。ただし原料を知らずに食べればチーズそのものだと思うくらい、味はそっくりだ。しかもすでにビーガン食として普及しつつある大豆で作ったチーズ風食品と違い、加熱すれば伸びる点で、ピザやグラタンに使うチーズにより近づいた。

製法上の強みは、特殊な設備を使わなくても作れる点にある。モチクリームジャパンはモチを使う洋菓子を作る自社の機械で製法を確立した。作りやすさを確かめるため、地元の企業に頼んで乳製品を作る機械で試してみても、品質を保つことができた。

ビジネス面で最も気になるのは、この商品の収益性だ。見た目や味がほぼチーズと同じでも、コストがかかり過ぎると商品化は難しい。その点、モチが原料の「チーズ」は機械を回す時間が二十分足らずで、その後数日間、寝かせておくだけで製造は終了する。熟成に長い時間がかかる一般のチーズと比べ、低価格で提供することが可能という。

商品化にメドがついたのが二〇一八年十二月で、すでに日本で特許も出願した。最初に狙うマーケットは、ビーガン向けの食品が急激に広まりつつある米国だ。ピザチェーンにチーズの代替品として販売することを計画している。

国内では当面、食物アレルギーで乳製品が食べられない人向けに、チーズの代替食材として提供することを想定している。乳製品メーカーなどチーズの製造でノウハウを持つ企業と組み、品質面で競争力を高めることを目指す。海老沢は「うちはチーズの原料を提供する牧場の位置づけ。大きな製造能力を持っていて、チーズの製法に優れた企業と連携したい」と話す。

国内でさらに注目すべきなのは、インバウンド（訪日客）消費の動向だ。懐石料理からラーメンまで幅広い日本の食文化の魅力は、海外の旅行客を日本に引き寄せるうえで間違いなく大きな力を発揮した。ただイスラム教の戒律に沿った「ハラル」対応の食品や欧米で広まるビーガン向けの食品は、メニューの充実が今後さらに求められる分野だ。モチクリームジャパンの商品は、日本の主要作物であるコメがその一つに応えられる可能性を示した。

もち米を原料に作った「チーズ」が、今後どれだけ市場をつかめるかは未知数。取材で海老原も強調していたが、最も重要な課題は味の向上だ。もち米を使ってチーズと同様の食品を作れることは証明したが、商品として普及するためには、競争が激しいチーズの市場で競り勝つ魅力が必要になる。

この取材を通してつくづく感じたのは、大手のコメ卸や農協の全国団体など、コメを大量に扱っている組織がなぜこうしたアイデアを出せなかったのかという点だ。各地で衰退の危機に直面する稲作を活性化するには、無から有を生むような発想の飛躍が必要ではないだろうか。

農業界全般に、ビーガンの広がりによる食生活の変化を日本とは無縁のできごとのように見ているのではないかと思う。世界の食の潮流に農業が無関心なのは、とても残念なことだ。完全菜食主義者というやや物々しい言葉が、一部の人のものというイメージを強めているのかもしれない。だがビーガン食はすでに限定された世界の話ではなくなっている。

パートタイムビーガン

それを象徴するのが「パートタイムビーガン」という言葉だ。動物由来の食品をつねに食べないでいることのできる消費者はそう多くはないだろう。だが、肉や魚をたっぷり食べた翌日はビーガン食に限定したり、月に何回、一週間に何回といった形で計画的にビーガン食を取り入れることなら、ふつうの人でもできる。思想性をできるだけ排除し、肉やチーズの代替食を食生活に手軽に取り入れるのが、パートタイムビーガンだ。

食の動向に敏感な企業はすでに手を打ちつつある、生鮮宅配大手のオイシックス・ラ・大地は、米国でビーガン専業のミールキットの宅配を手がけているスリーライムズ（マサチューセッツ州）を二〇一九年に買収した。

ミールキットは半加工の食材と調味料やレシピをセットにした商品で、短時間で料理ができる便利さが受け入れられて米国で市場が拡大している。オイシックスはスリーライムズの買収をきっかけにビーガン食の分野で米国市場に参入するとともに、同社の商品「パープル・キャロット」を日本でも販売し始めた。

こういう食の変化の波に、稲作も乗ることができると考えた関係者はどれだけいるだろうか。地道にこつこつと田畑に向き合うのは農業の美徳の一つだが、新しい市場に目を向けることもますます必要になっていると思う。

二　日本一予約の取れない和食店のコメ

効率化できない山のなかでスタート

農業法人の越後ファーム（新潟県阿賀町）を経営する近正宏光は、「躍進」という言葉が当てはまる農業者の一人だ。

越後ファームは、都内の不動産会社の若手社員だった近正が二〇〇六年に立ち上げた。新規参入の例に漏れず、苦労したのが農地の確保だ。つてもなくやってきた近正に、水田を貸す農家は簡単には現れない。役場や農家を何度も回り、やっと借りることができたのが阿賀町だった。

阿賀町は典型的な中山間地。田んぼは細切れ、形がいびつで、傾斜もきつい。大規模化し、低コストでコメを作るのは不可能な場所だった。つまり価格競争力ではどうしても平地のコメにかなわない。そこで近正がとった作戦が、値段の安さではなく品質で勝負できる富裕層にコメを売ることだった。

そのためには何が必要か。近正は「一部のコアな客層のニーズを満たす商品特性を持ち、それをしっかり伝える販売戦術が重要」と話す。就農してからの十年余りは、ひたすらその戦術を追求してきた歩みと言っていい。

選んだ販路は、富裕層が集まる百貨店。阿賀町で収穫したコメを、間に業者をはさまず都内の百貨店に直接売り込んでみた。この行動力を武器に越後ファームはその後躍進するのだが、無名の農業法人が突然来ても当然、バイヤーは最初は相手にしない。

難しさを悟った近正は、次にシンガポールの日系百貨店に飛んだ。珍しがって扱ってもらえると思ったからで、作戦は当たった。このつてでもう一度、都内の百貨店に行くと、「せめて有機栽培で作ってほしい」。そこで有機栽培に詳しい大学の研究者に阿賀町に来てもらい、農薬を使わない有機栽培や肥料さえ使わない自然農法に適した田んぼを選定してもらった。

こうした努力の成果で、徐々に百貨店で扱ってもらえるようになった。二〇一三年には、日本橋三越本店の食品売り場に「越後ファーム田んぼネットワーク」をオープンした。そこでは、おいしいコメを丁寧に作っている各地の農家のコメも仕入れて販売している。同店で唯一のコメ売り場だ。

カリスマシェフとの出会い

肥料なしで作る自然農法のコメはおいしいのかと、いぶかしむ人もいるだろう。一般にコメの味は肥料の量が左右する。肥料は植物の生育を支えるが、やり過ぎると味が落ちる。このバランスをぎりぎりのところで実現しようとしたのが、自然栽培のコメだ。近正は「自分はこれがコメ本来のおいしさだと思います」と話す。

もう少し別の角度から考えてみよう。農産物のブランド化に詳しい日本野菜ソムリエ協会の福井栄治は、ネギを題材に味の意味を次のように語る。

「おいしさは一つではなく、特徴があることが重要。甘くても辛くてもどちらでもいい。十人のうち六人に買ってもらおうとすると、失敗する。だが、『うちのネギは辛いですよ』と言ったら、一人は必ず買ってくれる」

福井は「買ってくれるのが一人でもいいんですよ」と強調する。百人が来る売り場に出せば、十人が買ってくれるからだ。越後ファームが自然農法で作ったコメも、同じ文脈で理解すべきだろう。近正は「値段が高くても、それだけのことをやっていれば、全員とは言いませんが、納得してくれる人がいる」と話す。一キロ五千円という破格の高値にもかかわらず、収穫前に予約で売り切れる人気商品になった。

ただし近正は、栽培方法に特化してブランド化を進めてきたわけではない。むしろ大きいのが、流通の工夫だ。一般的なコメの保管と違って玄米ではなく、モミの状態で貯蔵しているのもその一環。かさばるので保管の効率は悪いが、鮮度を保てる点を重視した。電気ではなく、雪の冷気で貯蔵することで、乾燥を防いでコメの水分値を保つための工夫もした。こうした仕組みを整えることで、営業でコメの品質を説明するスキルも高まった。

画期的なのが、都内の高級和食店「くろぎ」が、越後ファームが栽培したコメや、同社が腕のいい農家から仕入れたコメを採用したことだ。「日本一予約の取れない店」と呼ばれる同店を運営するカリスマシェフ、黒木純が越後ファームにほれ込んだのだ。くろぎは二〇一五年から、他のコメを扱うのをやめた。

近正がくろぎに客として食事に行ったことが、取引のきっかけになった。くろぎは会席料理の和食店。酒が主体のコースの流れがあり、ご飯は最後に出るという重要なポジションにある。そこで黒木が「うちは炊き込みご飯とか、材料に合わせてコメを選びます」と話すと、近正は「全部カスタマイズできます。黒木さんの思いをかなえてあげますよ」と応じた。

栽培から保管、出荷のタイミングまで、生産と流通の全体をコントロールすることを追求してきた越後ファームだからこそ、黒木の要望に応えることができた。近正は「びっくりするほど、難しいリクエストが来た。あえてお米の粒はそろえなくてもいいと言われました」と話す。この出会いを通し、コメビジネスへの理解を一段と深めていった。

顧客の要求でコメをカスタマイズする腕を磨く。その成果として実現したのが、日本航空（JAL）の国際線の機内食への採用だ。

JALの国際線ファーストクラスが採用

日航の機内食への採用は、国際線ビジネスクラスの和食の一新に伴い、二〇一六年に実現した。メニューを監修したのは、越後ファームがコメを納めている黒木純だ。「ご飯にこだわりたい」と話す黒木と日航が協議した結果、白羽の矢が立ったのが、越後ファームのコシヒカリだった。

ここで、機内食のイメージの変遷にふれておきたい。一九五四年に「羽田―サンフランシスコ便」が就航したころ、機内食はサンドイッチだけだったが、それでも十分に高級感があった。だがエコノミークラスが中心の大量輸送時代に入り、国内でおいしい洋食をふつうに食べられるようになると、機内食のステータスは徐々に低下していった。一九九〇年代にバブル経済が崩壊し、コスト削減時代になると機内食の質はさらに落ちていった。

そして今や航空業界は格安航空会社（LCC）が台頭し、競争が一段と激化している。そうしたなか、日航は安値戦略と一線を画すため、二〇一三年から「空の上のレストラン」をコンセプトに新たな機内食の開発に着手した。黒木の監修による和食の一新もその一環で、成田空港と羽田空港から出発し、ニューヨークやロンドン、シンガポールなどに向かう便で提供し始めた。

ただし、黒木の推薦だけで越後ファームが選ばれたわけではない。同社が日航のスタッフをうならせる努力をした成果なのだ。じつは機内では炊飯器を使えないため、電子レンジでコメを炊く。その制約のもとでいかにおいしく炊くかが課題となった。

日航のテストキッチンで、それまで日航が使ってきた南魚沼産のコシヒカリと同じ水加減で炊いてみると、本来の味が出ず、べたついてしまった。越後ファームのコメの水分値が新米同様の水準にあるからだ。テストをくり返すことでコメと水の量の最適のバランスをつきとめていった。

結果は鮮明に出た。日航のスタッフが南魚沼のコシヒカリとブラインドで食べ比べてみると、ほとんどが越後ファームに軍配を上げたのだ。海外から日本へ向かう便は引き続き南魚沼のコシヒカリを使うが、日本発の便はビジネスとファーストの両クラスで越後ファームを採用した。

コメ業界の闇を知ったことが転機になった

時間が前後するが、近正は二〇一四年に不動産会社を辞めた。もともと社長の指示で設立した越後ファームだったが、脱サラを機に不動産会社から切り離した。まだ売り先に困っていたころ、シンガポールの日系百貨店で店頭販売をやったとき、現地の人から「おいしい」と言われたときの喜びを、ずっと覚えていた。そして仕事を農業に絞りたいと思うようになった。

コメ業界の闇を知ったことも、独立へと背中を押した。産地をごまかし、「魚沼産コシヒカリ」と偽って売る。精米年月日を偽装する。「新米に古米をうまく混ぜるのは、米屋の腕だ」。業者からそう言われたこともある。近正は「そんなことをやってきたから、消費者にそっぽを向かれたんだ」と憤る。

越後ファームが仕入れ、販売している農家のコメも、他の売り先で混米の被害にあっていることを知った。食べた人がおいしくないと感じたら、自分の名前を出して売っているこの農家の評判を落とすことになる。まじめな農家のコメが正当に評価される仕組みを作りたいという思いも、不動産業との間で「二足のわらじ」を続けるのをやめようという決意につながった。

一方で、コメを出荷する農家にも言いたいことがある。ときに、農家から「これだけ経費がかかったんだから、この値段で売ってくれ」と言われることがある。「自動車メーカーなら、値段と利益を考えてから、経費はこの範囲内で抑えようと努力する。そういう発想が欠けている農家がいる」。栽培技術は高くても、ビジネス感覚に乏しい農家が少なくないのだ。

そういう農家には「こだわりはわかるけど、消費者には必ずしもわかってもらえていないよ」と伝える。たとえ品質の高いコメを作る農家が相手でもなあなあでやっていたら、消費の減少に立ち向かえるような稲作は実現できないと思うからだ。農家には、売り場や消費者のことを考えながらコメを作ってくれるように要求している。

三　稲作の原点に戻るメガファーム

東京ドームの三十倍

日本の食料基盤としての農地を考えるとき、稲作をどうするかが重要な課題になる。広い面積を必要とする土地利用型作物は、小麦やトウモロコシなど様々にあるが、日本では一貫してコメがメーンであるからだ。

その稲作が、歯止めの利かない消費減少のなかで存亡の危機に立っている。どうすればピンチを突破できるのか。そのヒントを探るため、需要の変化に対応する料理専用米や、食べやすいパック玄米ご飯、コメの新たな使い道の可能性を示すビーガン料理、そしてブランド化について考えてきた。

これらは稲作全体を見れば必ずしも大きな存在ではないが、それでも消費減退への対応という面で参考にすべき面がある。市場全体を投網にかけ、すべての稲作農家にとって活路になるような戦略など存在しないからだ。

日本で食料危機が起きれば、あるいは需要が反転するかもしれない。だがそれを前提にできないうえ、ミクロの多様な戦術の積み上げの先にしか未来を展望することはできない。第一章で紹介したJA秋田ふるさとも同様だ。減産で足並みをそろえるように求めるJAグループ全体の意向に従わず、増産に転じた点がそのことを示す。

こうした事例を踏まえたうえで、本章の最後は稲作の大規模経営について考えてみたい。高齢農家の加速度的なリタイアを受け、想像を超えるペースで一部の担い手たちに水田が集まりつつある。そのなかには必ずしも経済合理性に合致しないような農地の集中もあるが、かつて稲作が集落の共同作業だったことの名残であるかのように、残った担い手たちに水田が託される。

取り上げるのは、代表的な大規模経営の一つである横田農場(茨城県龍ケ崎市)だ。広大な農場を支える栽培技術には深くは立ち入らない。それを紹介した文章はたくさんあるからだ。関心事は、地域社会の中核にあった集落が消えゆくなかで、大規模農場がどう次代を担おうとしているかにある。

横田農場は面積が約百四十ヘクタール。農業関係者でないとスケールをイメージしにくいかもしれないので他と比較すると、日本の農業経営の平均の五十倍近く、東京ドームと比べると三十倍の面積になる。ふつうこの面積をこなそうとすると、多くの農業機械が必要になる。だが、社長の横田修一は複数のコメの品種を栽培することで田植えと収穫の適期を広げ、「百ヘクタールで田植え機と収穫機が一台ずつですむ」という作業体系を構築した。横田農場について語るとき、真っ先に挙げられるのがこの効率性だ。

この一点をもって横田農場は先進経営と評されてきた。だが、当人はそのことにずっと違和感を抱いてきた。いくら規模の大きさと機械の少なさで珍しがられても、それだけでは経営の発展を続けることはできないと感じているからだ。だから「正直言って、もう規模の話って語る必要ないと思ってます」と話す。

小さいころから「農業やる」と言ってきた

規模が大きくなればそれに見合った技術が必要になる。従来は大きくて十〜数十ヘクタールの技術体系しかなかった。その規模で使っていた機械設備をいくつも用意して、百ヘクタール超をこなそうとしても無理で、経費ばかりがかさんで効率はよくならない。横田農場は地域の唯一の担い手として土地が集まってきたことを受け、それに対処できる仕組みを作り上げた。

その辺りの事情について、横田は次のように語る。

「規模拡大しないと将来がないかというと、まったくそんなことはないんです。大きくなくても農業は成り立つ。規模拡大は結果です。この地域も当然、高齢化で農家が辞めていってますが、ほかにやる人がいないから、『横田、おまえやってくれ』という話になったんです」

他にやる人がいないからといって、自然に田んぼが集まるわけではない。それを可能にするうえで大きかったのが、両親の存在だ。農家によくあるケースと違い、「農業はきつくて、もうからない」といった愚痴をけして息子にこぼさなかった。それどころか、横田が大学生のときに法人化し、家業ではなく、企業として息子を迎え入れる態勢を整えた。横田が「自分で言うのもなんですが、小さいころから周囲に『農業やる』って公言して来ました」とふり返ることができるのも、息子を跡継ぎにと願う両親の配慮があったからだ。

就農したときは、面積は二十ヘクタールだった。当時としては大きいほうだったが、二十年でその七倍になると予想していたわけではない。だから「自分たちでできることを、一生懸命やってきただけです」と強調する。

そのための工夫が品種の多様化なのだが、それもごく自然にやってきたという。「みんな有機栽培でコメを高く売ろうとして、コシヒカリを選ぶ。でもうちはそれ以外の安いコメも作ってます。今作っているのは八種類。難しく考えたわけではなく、ふつうにそういうやり方を選んできたんです」。横田がいま一番心を砕いているのは、規模や栽培体系ではない。

なぜ朝礼を開かないのか

横田は「一番重要なのは人です」と強調する。こう話す経営者は珍しくないが、横田が社員について語る真意はもう少し別のところにあった。

「うちの社員はたんに横田農場で働いているスタッフではなく、地域の農業を支えていく若者の一人と位置づけられています。現場で働いている社員は四人います。近所のおじいさんたちは、ぼくに接するのと同じように彼らと接してくれてます」。農家が減っていくなかで、横田農場の社員が担い手として期待されるようになってきているのだ。

そうした状況は、チームのあり方をも規定する。「うちの組織の構造はピラミッド型ではなくて、自律分散型です。あまり指示は出しません。週に一回、全体ミーティングを開きますが、朝礼はやってません」。

他の農家から「おまえんとこ、朝礼もやらないのか。とんでもない」と言われたこともあったという。そんなときは「やらなければならないんだろうな」と思ったりもする。だが、「ぼくがサボってやらないんじゃなくて、やる必要がないからやってない」と考え直す。毎日いちいち確認しなくても、スタッフがそれぞれ何をやるべきかを自分でわかっているからだ。

役割は作業ごとに分けている。一時期、エリアで分けたこともあったが、仕事が上達するには同じことをたくさんやったほうがいいと判断した。例えば、除草剤をまき、あぜの管理をする作業、田んぼの中で雑草を取る作業、追肥をする作業などだ。しばらくは、同じ仕事に特化してもらい、観察力や技術の上達を促す。

突出した大規模農場にもかかわらず、なぜ手で雑草を取り続けるのか。「もっと大きくなったときも、やり切れるかどうかはわかりませんが、今はすべての田んぼを一回は歩き、手で取ってもらうようにしています。なるべく農薬に頼らないようにしたいのと、『この田んぼは草が出やすいよね』などの知識を蓄積してもらうためです」。先端技術の活用が農業で盛んだが、横田は「ノウハウは人にやどる」という信念を維持し続けているのだ。

大規模稲作のなかには、作業状況をコンピューターで管理しているところもある。これに対し、横田農場は「各担当が頭の中や紙で水田ごとの作業の進捗状況を管理している」という。システムを必要としないのは、他の多くの農場と違い、水田があまり分散していないからだ。この好条件が、スタッフが自分の頭で考え、ノウハウを体で覚えることを可能にしている。

自律分散型で「結」の復活を目指す

横田が強調するのは、「農業はもともと組織的に仕事していた」という点だ。機械化される前は、一人では作業が完結しなかった。「だから『今日は誰々の田んぼの田植えだ』って言えば、そこに集まってみんなで仕事をする。そうやって組織的に仕事をしていたんです」。

この結論にたどり着くまでに、ベテラン農家に様々な疑問をぶつけてみたという。例えば「集まった近所の農家に家主が『これやってくれ』って指示したんですか」とたずねると、「指示なんかしねえよ」。集落のみんなが集まると、自然に分業し始める。「かちっとした指揮命令系統があってやっていたわけではありません」。それが、横田の言う自律分散型の組織だ。

誰が何をやったら効率がいいか、メンバーを見ればおのずとわかる。「この人はこの仕事ができる」「じゃあ、おれはこっちの仕事をする」といった調子で役割が決まる。「自然と分かれて作業するのは、大変な仕事だったからです。少しでも楽に仕事して、早く終わらせたいから、自然とそういうことをやっていたんです」。稲作の本来の姿を熟考し続けて得た洞察だ。

「ところが、時代が変わって機械化されて、家族という小さい単位で仕事するという時代がしばらく続きました。でも、農家の数が減ったのでまた規模が大きくなり、もう一度組織的に仕事をすることが必要になったんです」

ではなぜその形が、多くの企業にあるようなピラミッド型の組織ではなく、昔ながらの自律分散型の組織であるべきなのだろう。

「農業は成果が長期的にしか出てこないし、天候次第で状況が変わってしまったりするから、誰かが指示を出し、その通りやるのが基本というやり方は適していない。昔のやり方が一〇〇%良かったと言うつもりはありません。でも、うちは何を目指してるんだろうって考えてみると、昔の集落の共同作業の仕組みの『結《ゆい》』みたいなものだと気づきました」

自分で考えて作業するのが基本。手が足りなければ手伝う。全員が同じ仕事をできるわけではなく、得意、不得意はある。だが「絶対にこの人の仕事」と固定したりせず、その場のメンバーで柔軟に担当を決める。「おれこれ得意だからやりたい」と言ってもいいし、「苦手だけど、うまくなりたいからやりたい」というのもいい。これが横田農場が目指す結の復活だ。

ここまでくれば、地域の人たちが横田農場のスタッフを担い手と位置づけていることの重みがわかるだろう。かつての集落の農家と同じように、彼らが自律的な存在であることが、農場運営の本質なのだ。

地域の担い手がほかにいなかった

注釈が必要だろう。

横田が向き合っているのは、あくまで稲作であり、農業全体のことを語っているわけではない。オランダ型の栽培ハウスのように、自動制御の施設は状況が違う。まさに工場という言葉がぴったりくるように、先端的なハウスは「匠《たくみ》の農家」とはまったく別の世界に移行しつつある。

人間の役割は工場と同じように細分化され、数十人のパートがマニュアルに従って決められた仕事をこなす。それでも個々のパートの熟練は効率を左右するが、それは工業製品を造っている工場も事情は同じだろう。

これに対し、横田は平均で一〜二ヘクタールしかなかった日本の稲作のなかで、百ヘクタールを超えて今なお拡大し続けている。誰も経験したことのなかったようなプロセスを通し、何が最適かを探ってきた。それは同様に大規模化が進む各地の担い手たちもそれぞれの環境に応じて経験していることだ。

ただし、横田農場が特異なのは、広大な地域で事実上、ほかに担い手が残らなかった点だ。狭い水田が点在している日本の稲作構造のなかで、横田農場は周囲の水田を一手に引き受け、例外的に分散を免れることができた。その環境のなかで横田はときに新たな農業機械も導入しつつ、それでも社員の成長が最も大事だと結論づけた。非効率な分散圃場を管理するためにシステムを使っている農場と比べ、横田は保守的だと考えるべきではないだろう。

どんな組織運営の仕方を選び、どんなシステムを導入して経営を効率化するかは結局のところ、各経営が置かれた環境に規定される。そのことを踏まえないと、農業経営のシステム化をめぐる論議は上滑りで現場から乖離《かいり》したものになる。次のテーマはスマート農業だ。

第三章

農場で生まれるアグリテック

植物の光合成の機能を測定するプラントデータのロボット

一　ロボットが働きやすい農場

農場の主治医はロボット

ここから先は、農業関連の先端技術（アグリテック）の話になる。

最近の農業技術の動向を示す言葉として、「スマート農業」がキーワードになっている。農水省はその意味を「ロボット技術や情報通信技術（ＩＣＴ）を活用し、超省力で高品質な生産を実現する新たな農業」と説明する。高齢農家の引退による担い手不足と規模拡大、国際競争の激化などの構造変化に対応するため、先端技術を駆使して農業を効率化することが求められている。

その指針となるのが、農水省の「スマート農業の実現に向けた研究会」が二〇一四年にまとめた中間報告だ。そのなかでは長期的な目標として、衛星測位システムを活用した無人の稲作機械の実現や、除草ロボットの実用化、作物の能力を最大限に引き出す栽培管理システムの導入などが掲げられている。

本書が取り上げる技術のなかのいくつかは、あまり知られていないものもあるだろう。ただし、新しい技術を網羅的に紹介し、夢のような未来の姿を描くことが目的ではない。そうした技術を成立させるために、何が必要かを考えることに比重を置きたいと思う。

松山市にある愛媛大学の実験農場を訪ねた。人の背丈を超える高さの分厚くて重い板状のロボットが、うなるような機械音を上げながら滑らかに移動していく。日が傾きかけた薄暗い施設のなかで、ロボットが出す発光ダイオード（LED）の青い光が、トマトの木を妖しく照らす。

ロボットの背中には、「植物生育診断装置」の文字が見える。「今日は調子どうだい?」「あまり良くないな」。植物とロボットは黙して語らないが、測定している内容をあえて言葉にすればこんなやり取りになるだろうか。

愛媛大発のベンチャー、プラントデータ（松山市）が開発した植物の状態を測るシステムを搭載したロボットだ。二〇一五年に発売された。

光合成は光のエネルギーを使い、空気中の二酸化炭素と水から炭水化物を合成する植物の機能だ。プラントデータが開発した技術は、人工的な光を植物に当て、エネルギーが使われずに植物から出てきた光の量を計測する。この量が多いほど、植物が光合成をうまくできない状態にあることを示す。

光合成がうまくいかないと、生育が遅れたり、おいしい果実にならなかったりする。農場にとって大事なのはそれを防ぐため、なぜ植物の光合成の機能が低下したのかを事前に知り、対策を打つことだ。そこで日射量や温度、湿度も併せて測定することで、どの要素が植物にストレスを与えたのかを推測する。すでに日本や米国、オランダで特許を取得した。

課題は、ロボットの重量が二百キロもあるため、実際に農場に導入するには重くて扱いにくいという点にある。計測中はレールの上を自動で動いてくれるが、スタート地点までは人が押して移動させる。そこでプラントデータは、重さが六キロ程度と、はるかにコンパクトな機器で計測するための技術を開発した。二〇二〇年中には実用化することを目指している。

匠の技に先手を打つ

二〇一九年十月には、これと対になる計測機器も商品化した。LEDの光を使ってわかるのが光合成の機能なのに対し、今度は光合成の実際のパフォーマンス。電話ボックス大の透明なビニール袋を植物にかぶせ、ファンを使ってなかの空気を流動させる。入って来た空気に含まれる二酸化炭素の量と、出て行く空気の二酸化炭素の量を比べることで、植物がどれだけ光合成しているかを測る。

LEDのロボットと同様、日射量や温湿度も測り、光合成の量に何が影響しているかを探る。併せて重要なのが水の蒸散量だ。湿度のデータなどをもとに、植物が根から吸った水が、気孔からどれだけ蒸散しているかも計測する。空気が乾燥すると蒸散を減らすために気孔が閉じ、二酸化炭素を吸いにくくなって光合成に影響する。

スマート農業はこれまで、ベテラン農家が長年の経験で習得した技術をシステムで代替することに研究開発の主眼が置かれてきた。広大な田畑を所定のルートを外れず自動で走るコンバインやトラクターはその典型。センサーで温湿度や日射量を測る技術も、熟練農家が勘と経験でこなす作業に追いつくために使われているケースが多い。

これに対しプラントデータの技術は、匠《たくみ》の農家でも気づかない植物の異変を感知するのが目的だ。植物に何らかのストレスがかかり、光合成がうまくいかない状態が続くと、茎や葉が弱ったり、生育不良になったりといった障害が出る。匠の農家はわずかな変化を察知して手を打つが、プラントデータは見た目はまったく変化していない段階で、障害を防ぐことを目指す。

目指すべきは一つの農場で一つのセンサー

この技術の説明はここまでで一区切りとする。栽培環境や植物の生育状況などを調べるシステムはこれからもどんどん進化していくだろう。センシング技術が精緻になることで、過去のベテラン農家とは次元の違う気づきを、一般の農家でも手にすることができるようになる。

ここで押さえておくべきなのは、農業はまだ植物の潜在能力を極限まで引き出す生産の仕組みを実現できているわけではないという点だ。トマトを例にとると、ハウス栽培で世界の先端を行くオランダの単位面積当たりの収量は日本の数倍ある。そのオランダでさえ、理想的な環境でトマトを育てたときの収量を実現していないとされる。

大切なのは、多様化する先端技術を活用することで、どこまで経営を効率化すべきかを考えることだ。例えば、家庭菜園を長年楽しんできた人が、プロ農家でも驚くような高い品質の作物を作ることがある。第五章で再度このテーマを取り上げるように、それはとてもすてきなことだ。

だが、そのためにかける手間ひまを考えれば、ビジネスとして成り立つかどうかは疑わしい。

何のために先端技術を使うのかを考えることが重要なのだ。システムが植物の状態についてアラームを発したとき、対処の仕方は様々にある。圧倒的な品質で高い競争力を持つ作物を作るため、異変が生じるごとに細かく手を打つか。それとも、ある程度の異変はわかっていても許容するか。判断の材料にすべきは費用対効果だ。どんな経営を目指すかで、答えは変わる。

その関連で、技術面で経営をサポートすべき点はほかにもある。もし栽培施設内の環境が均一でないなら、センサーロボットをたくさん導入しなければ、栽培で効果を発揮することができなくなる。だがもし温度や湿度、日照量などを均一に保つことができれば、極論すればセンサーを一カ所に設置するだけですむ。求めるべき作物の品質と、投入費用のバランスが変化する。より少ないコストで、高次元の品質と収量の安定を目指せるようになるからだ。

農水省がスマート農業を推進する際にとくに重視すべきなのは、この点ではないだろうか。新技術の開発を競い合う民間企業は、おのずと自社の製品やサービスをよりたくさん売ることが目標になる。対価を下げて「値ごろ感」を出そうとするのも、より多く販売することが目的だ。

全体を俯瞰する立場にある農水省は、よりシンプルな投資で経営を効率化できる方向へと、民間の技術開発を促すべきだろう。

カゴメの系列農場が驚異の収量

巨大な栽培ハウス内の環境をどうやって均一にするか。二酸化炭素（CO_2）の濃度の面でその課題に応える技術が登場した。

農場の名前は「明野菜園」。山梨県北杜市にある一・九ヘクタールの環境制御型の栽培施設で、二〇一四年十二月に稼働した。運営しているのは、地元の農業法人のアグリマインドだ。栽培技術はカゴメが提供した。カゴメブランドのトマトはすでに全国のスーパーの生鮮コーナーで大きな存在感を誇っているが、その競争力をさらに高める可能性を秘めた農場だ。

最大の強みは、突出した生産性にある。栽培しているのは付加価値の高い高リコピントマトで、生産量は一平方メートル当たり六十五キログラム。同じトマトを一般の施設で作った場合、十キログラムに満たないことがふつうなのと比べると、この施設の驚異的な収量が浮き彫りになる。

高収量の秘訣は、二酸化炭素の濃度のコントロールにある。既存の施設でも、植物の光合成を促進するために二酸化炭素を補給するのは一般的。だがこれまでの技術は、広大なハウスのなかで二酸化炭素の濃度を均一に保つことが難しかった。明野菜園のトマトの木は八万本。一般的なハウスとは桁違いの本数だ。

技術の核心は、農場の一辺に設けた細長いコントロールユニットのなかにある。ここで二酸化炭素の濃度や温度をベストの状態にした空気を作り、施設内に供給する。空気を調整するこの空間を、「コリドー（廊下）」と呼ぶ。

現場の様子を紹介しよう。コリドーに入ると、施設内を走る八十六本のビニールパイプの丸い開口部が壁の下方にずらりと並んでいる。床から細いパイプがたくさん立っていて、二酸化炭素が吹き出している。これを施設の外から取り込んだ空気と混ぜて最適な空気を作り、ビニールパイプで施設内に送り込む。

次に施設の内側に移る。コリドーから出た直径八十六センチのビニールパイプが、八万本のトマトの足元を走っている。長さは百二十四メートル。パイプはビニールが二重になっていて、内と外で違う場所に小さな穴が空いている。二重のパイプの間で空気をかき混ぜるためだ。その結果、外側のパイプから出る空気は二酸化炭素の濃度がほぼ均一になっている。

セミクローズドの環境制御

これまでは、環境制御型と呼ばれる施設でも、天窓を開閉することで室内の温湿度を調節していた。これに対し、カゴメ系列の施設は環境の均一性をより高い水準で保つため、気圧の調節が必要なとき以外は天窓を開けない。

この技術の誕生は画期的だった。それ以前、植物工場は、太陽光と外気を使って植物を育てるオランダ型と、建物のなかでＬＥＤ（発光ダイオード）照明などで育てる閉鎖型の二つに分かれていた。両者と区別するため、新技術は「セミクローズド」と呼ばれている。この技術の登場により、オランダなどの今までの技術はトラディショナルと呼ばれるようになったという。

もともとこの技術は、米国の農家が考えついた。乾燥した砂漠の空気が、施設内に入り込むのを防ごうとしたことがきっかけだ。施設内の空気を安定させるため、施設栽培で世界の先端を行くオランダの企業と組み、室内環境を外気と遮断する技術を開発した。これがセミクローズドだ。カゴメはこれを日本で応用した。

日本で初めてとなるカゴメ系列のセミクローズドの施設は、日本で有数のトマトの収量を現実のものにした。だが、カゴメの農場で生まれつつある技術は多収にとどまらない。さらなる一歩がハチを使わない栽培だ。

受粉用のハチも要らなくなった

植物が実をつけるには、ふつうは受粉が欠かせない。おしべの花粉をめしべに届ける代表的な存在と言えば、花から花へと飛び回るハチだ。だが、そんなイメージを覆す農場が長野県富士見町に登場した。カゴメ系列の「八ケ岳みらい菜園」は、ハチの要らない栽培に挑んでいる。

家庭菜園や小さなハウスなら花粉を使わず、特殊なホルモン剤をスプレーで吹きかけて実をつけさせる方法がある。だがカゴメ系列の大型農場では使えない。八ケ岳みらい菜園はトマトが四万本以上あり、人手をかけてホルモン剤を吹きかけるのは不可能だからだ。

ハチを使うのはそのためだが、問題は受粉用のハチを大量に生産する会社が国内にない点にある。小さなハウスばかりでハチの需要が少ないからだ。受粉に使うハチは生態系を守るため、原則として在来種を使う必要がある。そこで、日本のクロマルハナバチを欧州に送り、現地で繁殖させて逆輸入したものをカゴメは使っている。購入費用は一ヘクタール当たりで数百万円に達しており、欧州産のトマトと比べてコスト面でハンディを負っている。

解決方法はいたってシンプル。トマトの花を激しく振動させることで、人工的に受粉させるのだ。だが難点が一つあった。カゴメ系列を含め多くのトマト農場は、上から垂らしたひもを茎に巻き付けてトマトを成長させるオランダ式の栽培方法を採用している。このやり方だと、振動を伝えるはずのひもが揺れを吸収してしまい、トマトを揺らすことが難しいのだ。

そこでカゴメはひもではなく、金属製のワイヤを上からつるし、そこに茎をクリップで留める方式に切り替えた。機械で発生させた振動は、ワイヤからトマトの木へと伝わって花を激しく揺らす。振動させるのは一日に一回程度、一回当たり十秒なので、電気代もかさまずにすむ。

これまでずっと世界の最先端と言われてきたオランダ式を脱することで、大型の農場で機械でトマトを受粉させることが可能になった。この方式を実用化した施設は、世界中を見渡してもほとんど例がないという。だが、この技術にはさらに先の展開がある。収穫作業の自動化だ。

最先端のオランダの弱点とは

人手不足による作業効率の低下と収益性の悪化が、広く日本の産業界を覆っている。過疎化に悩む地方はその影響が著しく、農業はとくに深刻だ。そこでロボットの活用に期待が高まっている。

それこそ日本の得意分野と言いたいところだが、ことはそう単純ではない。ロボットで収穫しようとしても、トマトが葉の陰に隠れていたり、茎の反対側にあったりするからだ。ここに、日本で普及しているオランダ型の施設の弱点が潜む。本来は日の光に合わせ、おおむね特定の方向に実るはずのトマトが、茎の周りに散らばって実ってしまうのだ。

原因は、ここでもやはりトマトの木をひもで上からつるすオランダ型の伝統的な栽培方法にある。トマトの成長に合わせ、手作業でひもを巻き付けていく過程で木がねじれ、トマトが実る方向がばらついてしまうのだ。

ここまで来れば、解決法はおわかりだろう。カゴメが採用し始めたワイヤ式の栽培なら、トマトの木がねじれないので、実る方向をそろえることが可能になる。そうすれば、アームを木の裏側に伸ばしてトマトを収穫するような、複雑な技術をロボットに求めなくてもすむようになる。

これは重要な論点だ。オランダは日照と気温とのバランスで年間を通してトマトの栽培に適していて、そのおかげで各国が教えを請うほど効率的な栽培技術を実現した。だが環境に恵まれて先行したからこそ、かえって熟練作業に頼る余地を残した。トマトをひもで巻く作業がその典型だ。

ただし、オランダの技術に追いつき、さらに先へ行こうとするカゴメの挑戦もけして平坦な道のりではなかった。生鮮トマト事業に本格参入したのが二〇〇一年。現在、直営を含めて十四カ所の大型農場から仕入れ、スーパーなどに販売しているが、この事業が黒字化したのはようやく二〇一〇年のことだった。ふつうの企業なら、とっくに撤退しかねない時間感覚だ。

これまで多くの企業が「自分がやればうまくいく」というノリで農業に手を出した。だが、たいていの企業は参入してから数年で利益を出す難しさに気づき、社内で撤退が話題になり始める。かつてカゴメの幹部にこの点を質問したとき、「うちがトマト事業から撤退する選択肢はあり得なかった」と答えた。一般のイメージと違い、企業といえども農業で利益を出す難しさを映すとともに、ねばり強く取り組めば、世界の先端に挑める可能性も示した。

話題をアグリテックに戻そう。環境制御型の農業を実現するためには、高精度のセンサーを開発するだけではなく、環境を均一に保つ技術を生み出すことが同様に重要だ。そして、植物に技術を合わせるのではなく、技術に合わせて植物を育てることも、有効な一手となる。

このテーマをもう少し続けたい。

平棚からジョイントへ

スマート農業の課題の一つは、生き物を相手にする難しさを新技術で克服する点にある。その技術は、ときにベテラン農家を凌駕する。だが逆の側から問題を解決する手もある。ロボットが扱いやすいように作物を変える——。例として挙げる品目はナシ。スマート農業の可能性を広げる発想の転換だ。

神奈川県平塚市にある同県の農業技術センター。ナシの木の間を、無人の農業機械が滑らかに走る。走路はあらかじめ入力されているが、人など予期しない障害物を見つけると、とっさにコースを修正する。見上げると、整然と並ぶ枝の間に青空が見える。このナシの木の姿に技術の核心が潜む。

江戸時代から最近まで、日本のナシは「平棚」と呼ばれる栽培方法が中心だった。地面から約百八十センチの高さに天井のように針金を張り巡らせ、枝をそこに結わえ付けて幹から放射状に伸ばす。針金に固定してあるので、台風で枝が折れたりしないのが強みだ。ただ枝をバランスよく伸ばすには熟練の技が必要で、しかも上を向いたままの長時間の作業は大変な重労働になる。樹形が安定するまで十年以上かかるという難点もあった。

これに代わり、この農場で確立したのが「ジョイント」と呼ばれる栽培方法だ。三メートルまで育てた苗を真ん中で直角に曲げ、先端を前の樹に接ぎ木する。これをくり返し、L字を逆さまにしてつなげたような木の列を作る。上でつながったL字の底辺から、左右に水平に枝を伸ばす。この両側に伸びた枝に実をつけさせる。以前と違い、幹を中心にぐるぐる回って剪定するのではなく、つなげた木の列に沿って真っすぐ作業できるようになったのが改善点だ。二～三年で収穫が安定するようにもなった。

細かい技術的な話に聞こえるかもしれないが、ここには考え方の劇的な変化がある。江戸時代からずっと、時間をかけて木を伸び伸びと育てることが、おいしいナシを作る秘訣と考えられてきた。これに対し、ジョイント法は接ぎ木をして成長を止めることで、光合成の成果の多くをすぐ果実に向かわせることを可能にした。品質にまったく遜色ないこともわかった。

ロボットにとって快適な農場を作る

栽培方法の見直しがここまで進めば、ロボットの登場まであと一歩だ。平棚もジョイント法も枝が頭の上を覆っているため、大型の機械を走らせることが難しかった。機械が枝に引っかかって走れなくなったり、転んだりするといったリスクがあるからだ。ただジョイント法は木の列ができている点で、平棚とは違う。直線を歩きながら作業できる通路ができているのだ。

解決法はシンプルで、「枝を伸ばす方向を変える」。木の列から水平に左右に伸ばしていた枝をV字型に上に向ければ、天井が開いて上が空く。その結果、機械が木の列の間を余裕を持って走れるようになる。頭の上ではなく、正面の壁に実がなるような形になるので、収穫しやすいという利点もある。

プロジェクトを管轄しているのは、国の農業・食品産業技術総合研究機構。V字型のナシ畑ができたことで、焦点はすでに収穫ロボットの開発に移っている。神奈川県農業技術センターが中心になり、立命館大学が人工知能（AI）による画像分析で収穫すべきナシを見つけ出すシステムを開発し、デンソーとヤマハ発動機が収穫ロボットと車両を作る。実用化の出発点となるプロトタイプのロボットを、二〇二〇年に完成させることを目指している。

ここで少し、農業の現実に触れておこう。ナシの種類は「二十世紀」などの品種で知られる日本ナシと、やや縦長の西洋ナシに大別される。そのうち、日本で圧倒的にボリュームの多い日本ナシの二〇一六年の収穫量は、四十年前と比べてほぼ半減した。生産者が高齢化して引退が増えたことに加え、重労働で習熟に時間のかかる昔ながらの技術を継ぐ人が少ないためだ。

ナシのニーズが先細ってしまったわけではない。健康志向による果物の需要の増加というビジネスチャンスの拡大を、担い手の減少という生産基盤の弱体化で逸してきたのだ。収穫ロボットは、その挽回を期待される新技術になる。

スマート農業をキーワードに新技術の応用が進むのは、農業にとって大いに結構だ。だが同時に大切なのは、それを使いやすいインフラを整備することだ。無人トラクターが安全に走行できる大きな田畑や、室内の環境が均一なハウスがあれば、新技術を活用しやすくなる。ロボットを導入しやすいようにナシの木の形を変えるのも、インフラ整備の一環と見ることができる。

それを可能にしたのが、大胆な発想の転換だ。江戸時代以降、陽光を受ける天井のように木を大きく育てることが常識とされてきた。だが熟練の技に頼るのが難しくなったことで、ジョイント法が生まれ、ロボットの導入に道を開いた。常識を疑ってみることが、イノベーションを促すのだ。

二　農場のパートナーはＡＩ

植物が欲しい水の量を知る

農業にもＩＴ（情報技術）化の波が押し寄せている。環境情報をリアルタイムで検知するセンシングはその中核の技術とされている。

測るデータが多いほど、農場の様子を詳しく知ることができる。だが、計測器の数が増え、重装備になれば、投資額も運営費も膨らむ。そこで、あえて知りたい情報を測らないという逆転の発想が有効になる。

ベンチャー企業のルートレック・ネットワークス（川崎市）は、明治大学と共同で、人工知能（ＡＩ）を使った養液土耕システム「ゼロアグリ」を開発した。二〇一三年に初代のシステムを完成させ、二〇一六年に第二世代を投入した。二〇一九年十月時点で、全国各地の栽培ハウスに二百十台を導入ずみだ。

システムを導入するハウスの栽培方法には一つ条件がある。水を作物にかけるのではなく、チューブで肥料と一緒に地中に供給する。ハウス内にできるだけ均一に養液を入れ、収量と品質を安定させるためだ。供給量はＡＩが判断し、自動でコントロールする。データを見て農家が作業を変えることも可能だが、導入から時間がたつとたいてい機械に任せるようになる。

センサーで測るデータは、地上と地下の二つに分かれる。地上の情報は、日射量と温度と湿度。地下の情報は、地温と水分量と土壌ECだ。ECは電気の伝導率を指し、肥料の量が増えるとECの値が上がる関係にある。

ルートレック・ネットワークスの担当者は、ゼロアグリのコンセプトについて「植物が今日どれだけ水を使ったのかを、農家はできるならその日のうちに知りたい。農家に代わってそれを計測し、使った分だけ水を供給するシステムです」と説明する。これもまた人間には不可能なシステムだ。

成果は上がっている。ゼロアグリを導入した農場のなかには、「二〇~三〇%収量増加」「水やりと施肥の作業時間を九〇%削減」「四〇~五〇%の節水と減肥」を実現した例もある。技術がクラウドに蓄積されているため、経験の少ない新規就農者の後押しにもなる。

こう書くと、「いろいろなデータを集めれば、栽培がうまくいくのだろう」と思われてしまいそうだが、ことはそう単純ではない。前段でさらりと触れたが、これは土耕用のシステム。地面から浮かせたプランターなどに水や肥料を流す水耕栽培なら、植物がどれだけ吸ったのかを測るのはそう難しくない。

先述したカゴメのハイテク農場も土のなかに根を生やす土耕ではなく、人工的に作った特殊な培地に水や肥料を流す水耕栽培だ。室内の温度や湿度、灌水などは当然ながらコンピューターで管理されている。

だが、水耕栽培に必要な設備を買うのをためらい、雨風を避けるビニールハウスは建てても、引き続き土の上で作物を育てる農家も少なくない。土づくりにこだわる農家も多いだろう。だが、土耕は水耕と違い、センサーを使って環境情報を測定するうえで様々な困難が発生する。

そもそも、土のなかの情報を取ること自体が難しい。水中にセンサーを設置するのと違い、土とセンサーの密着度をそろえるのがまず困難。しかも長く使っていると、故障しやすい。故障していなくても、挿してから一週間は正確なデータが取れるのに、なぜか二週目以降はデータがぶれるといったことも起きる。

この問題に関しては、米国のメーカーが開発したセンサーを導入することで解決した。日本製と比べると高価だが、データにゆがみが生じたり、簡単に壊れたりするといったトラブルは防ぐことができた。「日本のセンシング技術は国際的に高い」と言われることもあるが、土中の環境を測るためルートレック・ネットワークスが選んだのは、米国製のセンサーだった。

ただし、「米国製のセンサーを使ったからうまくいった」でおしまいなら、あえてここで紹介する必要はないだろう。話はここからが本題だ。

データの「ぶれ」を許容する

いくらセンサーの精度や耐久性が高くても、土のなかの環境は均一ではない。しかも、同じ場所でも時間とともに条件が変化するので、「ここにセンサーを挿しておけばずっとオーケー」という地点を特定するのは難しい。

結論から言えば、ルートレック・ネットワークスはゼロアグリを導入する農家に対し、「平均的なところに挿してくだい」と説明している。人が頻繁に通るハウスの入り口や端は「平均的でない」ので避けるよう指示し、あとは農家の判断に任せる。しかも、二、三棟のハウスに対し、センサーを挿すことを勧めるのは一本だけ。同じ場所なら土の状態は「だいたい同じ」とみなすわけだ。もちろん、事前に粘土質かどうかなど土の状態は調べておく。

水耕栽培にはない難しさはまだある。「植物が使った水の量」は光合成で消費した分と、体温調節のために葉っぱの気孔から放出した分の合計を指す。

ここで問題が生じる。点滴チューブから出た水は、植物が吸収する以外に、地中にしみ込んだり、地表から蒸発したりしているからだ。点滴チューブに流した量と、センサーで測った量の差をとっても、植物がどれだけ吸ったのかわからない。そのままでは「使った分だけ、水を供給するシステム」にたどり着くことはできない。

ルートレック・ネットワークスはこの問題を解決するため、川崎市にある明治大学の圃場で特殊な計測器を使い、植物が使った水の量を直接調べる実験を実施した。この計測器をサービスに組み込むことができれば話は簡単だが、システムが大がかりになり、サービス料も跳ね上がる。

そこで調べたのが、植物が使った水の量と、気温、湿度、日射量、土中の水分量、地温などの相関関係だ。一番知りたい「使った水の量」を、サービスを利用する農家のハウスで測ることはできない。だが、他の様々なデータをハウスで測り、ＡＩで分析することで「使った量」を推計し、自動制御で供給する。このアイデアが、ゼロアグリの核心部分にある。

地に挿すセンサーを、一本にするよう勧めるのと発想は共通。農家の負担の軽減だ。ルートレック・ネットワークスが明治大学と共同で開発を始めたとき、大学側から「農家が買える値段にしてほしい」と言われたという。寸分の誤差もない精緻な結果を出すことより、農業の現場の改善を優先する発想が大学側にあったことが、システムの実用化に大きく貢献した。

このことは、データの「ぶれ」を許容したことも示す。二、三棟のハウスでセンサーを一本にしたのは、同じ場所なら土のなかの環境は「ほとんど同じ」とみなしたからだ。一番知りたい「植物が使った水の量」は直接には測れないが、他のデータを総合して推計する。だが、推計に使うデータの一部が「ほとんど同じ」という「ぶれ」を許容するものである以上、「植物が使った水の量」が実際の量と推計値との間で完全に一致するとは限らない。

植物のことを信頼するシステム

ここは重要なポイントだと思う。工業と農業の違いを考えてみよう。工業製品は多くの場合、製造工程と製造された製品のいずれも画一性が求められる。誤差は少なければ、少ないほどいい。農業も一定の水準を満たすことが求められるが、工業製品並みに誤差を排除することはできない。

そもそも同じ品種でも、タネによって発育のポテンシャルにバラツキがある。

だがそのことは、農業の強みでもある。露地栽培を見ればわかるように、年によって気象条件は違っても、よほどの悪天候にならない限り、作物は育つ。大きさや味に多少の違いはあっても、商品として成立する。工業製品は電源が落ちればラインが止まってしまう。だが、植物は多少環境が変化しても、生育を続けることができる。生き物だからだ。

環境情報を完璧に把握することはできなくても、植物の生育をサポートすることはできる。「光合成に支障が出る水分量」と「根腐れが起きる水分量」、つまり「少な過ぎず、多過ぎず」という範囲内で制御できれば、システムとして成立する。「植物への信頼」を根底にすえたシステムと言えるだろう。これは農業の難しさではなく、面白さだ。生き物は結構タフなのだ。

ここまで、ゼロアグリについて「水の供給」を中心に考えてきたが、あえて触れなかった点がある。「肥料の供給」だ。

土耕栽培の多くは作付けの初めにまとめて元肥をやり、植物の生育に合わせて追肥する。人件費を抑えるため、追肥を省くこともある。だがこれは、植物の側に立って考えれば、合理的かどうかわからないやり方だ。植物が栄養を欲しいのは根が出たばかりのときだけではないからだ。

植物がどれだけ肥料を吸っているのかリアルタイムではわからないから、次善の策としてまとめて元肥を入れる。だが、ゼロアグリのシステムなら、植物が吸った肥料の量を推計し、その都度補うことができる。水と同じで、「使った分だけ補充する」という考え方が、施肥の削減を可能にする。

同社のスタッフによると、ベテラン農家にはどうしても元肥の否定をためらう人がいるという。そういう農家には「まず半分に減らしてみましょう」と提案する。それでも問題がないことを確かめてもらい、その後、徐々に植物が必要なときに肥料を供給するやり方に改めていく。

スマート農業と言うと、どこか「無機的」な響きがあるかもしれないが、じつはこれまでの栽培技術よりもっと植物に寄り添うことにつながるのかもしれない。そこに農業のイノベーションの醍醐味がある。

システム開発と現場の溝を埋める

農業で情報システムの活用が始まっている。「勘と経験に頼る農業からの脱皮が必要」と言われて久しいが、かつては開発側の思惑と現場のニーズにギャップがあった。開発者の発想があまりに優先されるとシステムが高価で複雑になる一方、現場の農家の側にはシステムを使いこなすスキルが少ないという問題があったからだ。

両者の溝が埋まってきたことが、情報システムの活用が活発になったことの背景にある。開発側は収量の増加やコストの削減に結びつき、農家にとって使い勝手のいいシステム開発に力を入れ、農家もシステムへの抵抗感が薄れてきた。ゼロアグリはそうしたシステムの一つだ。

では生産者はこのシステムをどう受け止めているのか。それを知るために、栃木県宇都宮市でトマトを栽培している長嶋智久を二〇一八年二月に訪ねた。まだ春の訪れは遠く、夜間の冷え込みが厳しいころだった。

まず、長嶋がゼロアグリを導入するまでの経緯を説明しておこう。実家はもともと稲作の専業農家だったが、父親はガソリンスタンドで働き始め、次に農協の職員になった。専業農家から第一種兼業農家、第二種兼業農家へと移行するのは、日本の農業で最も典型的な経営の変遷だ。

ここでユニークなのは、父親が収入を得る道をさらに変化させた点にある。パソコンを修理したり、組み立てたりする仕事を始めたのだ。まだパソコンが「マイコン」と呼ばれていた時代で、誰もが持つ簡便な普及品ではなく、マニアが趣味で組み立てたりする時代だからこそ、成立するビジネスだった。

長嶋は学生時代にバンド活動をやっていて、「音楽で食べていきたい」という夢を抱いていた。だが、父親に頼まれ、パソコン店で働き始めた。じつはこの経歴が、長嶋の営農にとってのちに意味を持つことになる。

転機は二〇〇六年に訪れた。パソコン店を辞め、家業の一環で手伝っていた農業に専念する道を選んだのだ。安くて機能に優れたパソコンが登場し、個人が自前で組み立てるパソコンのニーズに限界を感じたからだ。

最初に作り始めたのは、栃木県が推奨するトマトと、父親が栽培していたコメだ。就農から三年目に全国の農家の大会に参加したとき、収量の面でレベルの違うトマトの栽培技術を知った。

を決めた。

「工夫次第で面白い。まだまだ伸びしろがある」。刺激を受けた長嶋はトマトだけで勝負すること

農家の立場からシステムを再考する

ゼロアグリは二〇一七年に導入した。その間、栽培するトマトを大玉から中玉に変えるなど、様々な工夫をしていたが、各地のハウスを見学に行くうちに「ＩＴを使わないと、伸びるものも伸びない」と思うようになった。そのときこだわったのが「地面の中」だ。

この話をするとき、長嶋は農業を桶に例えて説明した。桶は細長い木を輪の形に縦に並べ、金属できつく巻いて中身が漏れないようにしている。だがそのうちの一本でも短いと、そこから中身がこぼれてしまう。一つひとつの木は、水や温度、湿度、光、肥料などを指す。桶の中身は、収量や品質だ。

「ゼロアグリを入れるまで十年間やってきて、どの要素が足りないのかを考えていました。最初は気温を上げようとしてきましたが、だんだん地温ではないかと思うようになったんです」

夜間の温度が低い地域ならではの「気づき」かもしれない。長嶋のハウスがある地域は、夜に気温がマイナス一〇度まで下がることがある。どうすれば地温が一緒に下がるのを防ぐことができるか。その答えを探していたとき、先輩農家の言葉を思い出した。「寒いときは、根っこを動かせ」。寒くても、根が伸びるように環境を整えるべきだという意味だ。

トマトは夏に定植すると、一カ月ぐらいで大きく根を張るようになる。秋に受粉し、十一～十二月に収穫のピークを迎えるが、ここで問題が出る。大量に果実を実らせることで木が弱る時期と、地温が下がる時期が重なり、ダブルパンチで次の受粉が滞ってしまうのだ。その結果、トマトの需要が上向く三月ごろに収量が落ちるというミスマッチが生じる。

ゼロアグリは地中に通した点滴チューブで液肥を供給するシステムだ。狙いは、植物が必要とする水の量をつねに満たすことにある。そのことが、長嶋の課題とどうリンクするのか。「土のなかに水があるから、地温の変化が小さくなるんです」。水の比熱の大きさに着目したのだ。生産現場から見た、システムの理解と言うべきだろう。

重視するのは安定だ。温度が激しく変わると、根にとってストレスになる。ＡＩで管理して水が足りなくなるのを防ぐことで、冬でも「根っこが動く」状態をつくる。長嶋は「最新技術と昔ながらのやり方がつながったんです」と話す。

ここで言う「安定」には、少し幅がある。長嶋が運営しているハウスは今、十棟あるが、地中に入れたセンサーは二つだけ。それだけで全体を管理するから、地温にはムラが出る。長嶋は「それでもいい」という。システムを使う目的がはっきりしているからだ。

「地温を一二度に保つのが理想なのに、離れた場所は八度かもしれません。思い通りに管理できているのは、センサーの近くだけかもしれない。でも八度に保つことができれば、植物のストレスを減らせるんです」

肝心の結果はどうか。「ハチがかんだあとがたくさんあります」。案内されてハウスを見に行くと、黄色い花に小さな茶色い点がついていた。「これまで夜温が五度に下がると枯れてしまっていたのに、今年は五度でも花粉がつきました。水が安定しているので、根っこが元気なんだと思います」

ハウスの横のカラオケハウス

水を地中に安定供給することで、地温が大きく変化するのを防ぐ――。ルートレック・ネットワークスのスタッフから、ゼロアグリの利点としてこういう説明を受けたことはない。目の前にある道具の意味を、現場目線で解釈し直す。そんな農家の良きＤＮＡは、相手がＡＩでも変わることはない。

この取材の五カ月後、再び長嶋を訪ねた。そのとき気づいたのだが、何棟も並んだ栽培ハウスの横に、壁にレンガ風の模様をあしらった小屋があった。白いドアの真ん中に「空き室」と書いたプレートがついていて、小窓からは紫色の妖しい光が漏れている。

長嶋によると「カラオケハウスをもらってきました」と言う。このカラオケハウスはゼロアグリを導入した成果と結びついているのだが、そのことは後述しよう。

「まさしく期待した通りになりました」。そう言って差し出されたグラフを見ると、成果は一目瞭然だった。これまでは十一～十二月にかけて収量が上がったあと、収量が落ちていた。秋ごろに大量にトマトを実らせて木が弱るのと気温の低下が重なり、受粉に影響するからだ。

これに対し、直近のグラフを見ると例年より収量が多く、しかも年明け以降も収量がほとんど減っていない。「十一月くらいにピークが来てその後も落ちず、横ばいで五月ごろまで収穫できました」。収量が乱高下した二〇一五年度のグラフと比べると、導入後の安定ぶりが際立つ。

必ずしも栽培環境に恵まれていたわけではない。それどころか「一、二月は記録的な寒さでした」。もし例年並みなら、収量はもっと増えていたかもしれない。一方、システムを導入していない周囲の農家の多くは、寒さの影響でトマトが十分な大きさに育たなかった。

当初は効果に半信半疑だったという。「たんにトマトに水をやる道具だと思ってました」。自分が水をやりたいと思うときに自動で供給されず、イライラすることもあった。システムを信じ切れず、手動に切り替えたこともあった。

使っているうちに、考え方が変化した。システムで供給される水の量を見て一喜一憂するより、長いスパンで観察すべきだと考えるようになった。自分がどれだけ現場で見ていても、土のなかにどれだけ水があるのかわからないことに思いいたったからだ。そのうち収量が安定し始めた。

DIYこそ生産者の良きDNA

成果は収量の増加や安定にとどまらない。システムを信頼し、任せることができるようになったことで、トマトの木に張りついている時間を減らすことができるようになったからだ。その結果、苗を買わず、自分で作ることにした。これまで苗の購入にかかっていた費用はおよそ百万円。二〇一八年はタネの購入代が二十万円弱だったので、十分おつりが来る計算だ。

トマトなどの作物は育苗に際し、病気に強い品種の苗の上に味のいい品種の苗をくっつける「接木」という技術を使う。長嶋はこの技術に三年ほど前から挑戦していた。そして、ゼロアグリで時間的に余裕ができたことを受け、「ちょっとした賭け」に出た。苗を全量、自主生産に切り替えたのだ。

前年は接木がうまくいかずに捨てた苗が多かったが、二〇一八年はほとんど廃棄せずにすんだという。心と時間の両面で余裕ができたことに加え、育苗専用のスペースを設けたことも効果を発揮した。

これが、カラオケハウスの正体だ。

もともと近くの直売所がどこかから手に入れてきて、物置代わりに使っていた。直売所が廃業したのでもらってきて、育苗ハウスに改造した。カラオケハウスを選んだのは、防音材が断熱効果を生むと考えたからだ。エアコンを使い、昼は二四度、夜は一八度に室温を保っている。苗を照らすLED（発光ダイオード）照明は、中国のネット通販サイト、アリババを通し、植物工場専用のものを輸入した。室内環境を制御する壁に付けたマイコンは、長嶋が自ら作ったものだ。かつて父親のパソコン店を手伝っていた経験が生きた。

これを作った当初、近所の人から「何やってるの」といぶかしがられたという。当然だろう。

窓からＬＥＤの光が漏れる「ミニ植物工場」を、自作できる農家などまずいないからだ。しかも外観はカラオケハウスだ。

企業が開発する様々な機械と比べると、ローテクに見えるかもしれない。だが、農家が自作できる領域はまだまだ農業の世界には残っている。カゴメの大型農場のように栽培環境を高度にコントロールする技術は、これからますます発展していくだろう。だがそうしたハイテク技術一色に、農業が染まるとは思えない。勘と経験に頼る昔ながらのやり方と、先端技術を駆使して進化し続ける施設の間で、農家が創意工夫を楽しむ空間は十分にある。

「ゼロアグリを使ってスキルアップし、この一年でものすごく経験値をもらいました。伸びしろがあるので、楽しく仕事できます」。長嶋は取材でうれしそうにこう語った。農家にとって極上の喜びと言うべきだろう。

三　カエルの目線のイノベーション

自動化技術は田畑でも

スマート農業がテーマのこの章は、植物の光合成のスキルを計測する先端ロボットから説き起こし、驚異的な収量や自動受粉を可能にする巨大なハイテク農場、そして土耕のハウスの水やりを自動で制御するシステムへと進んできた。施設はより簡素なものになり、使い手は大手の食品会社からふつうの農家に移った。

通常のスマートアグリの解説書と異なり、未来から時間を逆戻りするような説明の仕方をしたのは、一般的な農業の現場を重視したかったからだ。そして次はハウスの外に出て、雨風にさらされる田園風景のなかに入る。

プラントデータの光合成計測の技術と同様、ここもすでに実際に農場で使えることはできても、まだそれほど普及していない技術の話から始めよう。クボタが開発した自動走行の収穫機「アグリロボコンバイン」だ。

開発の狙いは、コンバインの操作を簡単で楽にできるようにして、しかも作業を最適なものにすることにある。スマートアグリの最も純化された目標だ。そのために、GPS（全地球測位システム）の機能を収穫機に活用した。

最初の一周だけ人がコンバインを運転し、田んぼや畑の区画に沿い、コンバインの幅の六メートルだけ収穫すれば準備オーケー。あとは作業員がハンドルなどを操作する必要がなく、GPSに導かれて自動運転で収穫作業が進む。最初に区画に沿って人が運転するのは、圃場の形を機械に記憶させるためだ。

クボタが強調する強みの一つが、収穫ルートの最適化だ。人がコンバインを操縦すると、ふつうはすでに収穫したルートに沿って、その横を順々に収穫していく。これに対し、アグリロボコンバインは最適なルートを分析することで、機械が旋回する回数を減らすことができる。〇・五ヘクタールの圃場の場合、作業時間を一〇％短縮することが可能という。

センサーを使い、収穫物でタンクが満タンになるのを予測して「もう一周するのは無理」などと判断し、運搬用のトラックのある位置まで自動で移動してくれるのもメリットの一つだ。収穫したコメや麦をトラクターに移し終えると、刈り取りを中断した地点まで自動で戻り、収穫作業を再開する。これを完璧にこなすことは、熟練の作業員でも簡単ではないという。

女性スタッフの「降参ポーズ」の意味

自動収穫機は実際どんなふうに作業するのか。それを見学するための実演会が、二〇一八年六月に千葉県柏市の農場で開かれた。当日は残念ながら、朝方に激しく雨が降ったため、収穫そのものはNG。水分を含んだモミが機械のなかで詰まるリスクがあるからだ。ただし、機械が自動で走行する様子を見ることはできた。

コンバインに乗って実演したのはクボタの女性社員だ。テントのなかにいるスタッフから無線で指示を受け、自動走行を開始した。取材に来た記者たちはぬかるんだ農道に出て、シャッターチャンスを狙う。遠くで旋回し、こちらに戻って来たコンバインのキャビンをよく見ると、女性社員が「降参」みたいなポーズで両手を挙げている。自動走行をアピールするためだ。

次は記者を対象にした試乗会。キャビンに一人で乗り、緑のランプの運転アシスト開始スイッチを押し、左の速度レバーを前に倒すと自動走行を開始した。あとはただコンバインが畑のなかを勝手に進み、旋回し、再び直進するのをキャビンの内側で眺めているだけ。クボタが強調するように「簡単で楽」だ。

ここまではアグリロボコンバインの機能の説明だ。本題はこうした機械を農家がどれだけ必要とし、普及するかにある。発売は二〇一八年十二月で、一年間の販売目標は二十台と説明していた。いきなり爆発的に売れるとは考えていない。

型式は三タイプあり、希望小売価格は千五百七十万円から千六百八十万円。同じ大きさのコンバインと比べて、値段のアップは一～二割程度だ。ポイントはそもそも高価なコンバインに、さらに金額を上積みして自動走行の機能を持たせるメリットを感じるかどうかにある。

「操作が簡単で楽で、しかも作業を最適にする」のが開発の目的だと先に触れた。このうち、生産者が最も恩恵を感じやすいのは「楽」と「最適」だろう。一～二ヘクタールの経営がふつうだった過去の稲作と違い、高齢農家の引退で農地の集約が進み、百ヘクタールを超す経営が各地で誕生している。しかも圃場は多くの場合、数百枚に分散している。たとえベテランの作業員であっても、田植え機やコンバインを正確に走らせ続けることに大きなストレスや疲労を感じている。その負担の軽減は、経営の後押しになる。

一方、「簡単」はどうだろうか。試乗してみて自動で走ることはわかった。ふつうはここで、操作に慣れていないスタッフの利用を想像する。だが実際の農作業では、思わぬトラブルが起きる可能性がある。しかも、千五百万円もするような高価な機械を、多くの農家は入ったばかりで機械の扱いに慣れていないスタッフに扱わせようとはしないだろう。そうすると、キャビンに座るのは、自分かベテランの従業員。メリットはやはり「楽」と「最適」に帰着する。

田畑というインフラを整備する

もう一つ重要なのは、パートが大勢働く栽培施設と違い、稲作の大規模経営は今後もかなりの間、スタッフの習熟に負う面が大きいという点だ。タネまきや肥料の供給、収穫など作業を個別に割り当てやすい施設と違い、稲作は植物の生育状況や雑草の生え具合、水の状態を見て臨機応変に作業する必要がある。一人で管理しなければならない面積が広がるからなおさらだ。

「センサーを使い、AIを活用してビッグデータを分析すればいい」と思うかもしれないが、自然のもとにある水田は栽培環境の変数がはるかに多い。ITやロボットの力を借りつつも、かなりの部分は人の経験に頼らざるを得ないのは間違いなく、いつそこから脱却できるのかも見通せていない。スタッフの熟練と経営の向上は当面、不可分の関係にある。

政府の役割についても考える必要がある。クボタは「〇・五ヘクタールの田んぼで作業時間を一〇％減らすことができる」と説明する。だが、〇・五ヘクタールの田んぼから幅六メートルの外周を引き、残りの〇・三ヘクタール強を「楽」に作業するために高額な機械を買うだろうか。〇・一〜〇・三ヘクタール程度の細切れの田んぼがたくさんあるなかで、〇・五ヘクタールは広く感じるかもしれない。だが、自動運転を受け入れる「インフラ」としてはあまりにも狭い。一区画で最低でも一～二ヘクタール、つまりこれまでの稲作の経営規模一つ分が一枚の田んぼになるようなスケールがなければ、生産者は大きなメリットを感じないだろう。

この点に関連し、今の農政はインフラ整備を積極的に支援するようになっている。地域の担い手に農地を集約していることや、まとまった農地を対象にすることなどを条件に、田んぼの大区画化のための費用の多くを補助金で助成する仕組みがある。

耕作放棄が増えつつある農業にとって、喫緊の課題は農地の保全であり、効率的な活用だ。資金を無駄に投入したり、バラマキ的に誰でも支援の対象にしたりすれば、かつての公共事業のように批判が出る。それでも、ただでさえ狭い農地を少しでも効率的に使えるようにし、国民に安定的に食料を供給するインフラを整えることは、政策として否定されるべきことではない。

日本の食料供給を支える田畑というインフラを整備し、GPSやAIなどの技術を活かせるようにすることには、一定の公共性がある。整備された農地を有効に使い、収益性を高めて農地を次代につなぐのが、地域の担い手とされる農家の責務だ。

その好循環が回り始めたとき、我々は現在とはまったく違う田園風景を目にするかもしれない。無人のコンバインやトラクターが広大な田畑を走り回り、ドローンが上空を旋回しながら作物の生育状況を監視し、肥料をまく。農家はきつい農作業から解放され、マーケティングやマネジメントに専念する。それは農業が目指すべき一つの方向なのかもしれないが、実現するのはまだまだ先だ。

では現実の田畑に戻ろう。改めて取り上げるクボタのシステムは自動走行機ではなく、すでに現場で広く活用されているものになる。

新規就農でおいしいおにぎり米の秘密

神戸市のJR灘駅から歩いてすぐのところにあるおにぎり専門店「ONIGIRI ICHIGO」。鈴木貴之が炊飯器のご飯をひとつかみすると、百五十グラムにほぼぴったり。手の感覚で重さを覚えているのだ。慣れた手つきで素早く握り、具を入れてノリを巻くと完成だ。

「自分くらいたくさんのおにぎりを握った男性はかなり珍しいと思います」。一人で店を切り盛りしていたころのことを、鈴木はそう言ってふり返る。一日に握った数は、多いときで四百〜六百個。店を運営しているのは農業法人のライスボール（秋田県大仙市）で、鈴木はその社長だ。

ライスボールは設立が二〇〇九年。実家の小さな田んぼでできたコメを、農協などを間にはさまず直接売ってみて、利幅の大きさに驚いたのが起業のきっかけだ。最初は他の農家のコメを飲食店などに販売していた。農家から作業を手伝うように頼まれて稲作技術を学び、田んぼを借りて自分でもコメを作るようになった。二〇一六年からはおにぎり専門店も出し始めた。

おにぎり店は神戸市を中心に六店舗に増え、田んぼの面積は八十五ヘクタールに広がった。既存の農家のほとんどが二ヘクタール程度の狭い面積なのと比べると、すでに十分に大規模と言える水準だ。鈴木は当面の目標について「百ヘクタールはやってみたい」と話す。

ここで二つ疑問が浮かぶ。おにぎりがおいしくなければ店は増やせない。では稲作を始めて十年ほどのライスボールが、客を引きつけることができるコメをなぜ栽培できるのか。農家の約七割はコメを作っているが、加工を手がける六次化を軌道に乗せた例はほとんどない。

もう一つの疑問も共通で、新規参入でなぜ百ヘクタールに迫る田んぼを運営できるのか。後者の答えはスマート農業に関係する。

一つ目の謎を解こう。ライスボールは、そもそも味の良さで定評のある「あきたこまち」を栽培している。だが、もちろん理由はそれだけではない。答えはコメの粒の大きさにある。大粒のコメで握ったおにぎりはおいしい――。

この答えにたどり着くまで、鈴木はご飯をいろいろな炊き方をしてスタッフと食べ比べてみた。最初につかんだ手がかりは「ご飯を軟らかく炊くより、少し硬めに炊いたほうが、粒を大きく感じて歯応えがある」。この気づきから出発し、今度は粒の大きいコメを選んで炊いてみると、食感がいいことに加え、時間がたっても水分を保っておいしく食べられることがわかった。

粒の大きいコメを作れる特殊な技術を身につけたわけではない。一定の大きさ以上のコメをふるいにかけ、おにぎりに回しているのだ。それより小さいふつうのコメは、他に販売したり、加工用に出荷したりしている。

スポンジが水を吸収するように

冷めてもおいしい粒の大きいコメを使っておにぎり店をいくつも出す――。とてもシンプルなアイデアのように見えるが、大事なのはそれを徹底し、店舗運営に落とし込む努力だ。多くの農家の地道な努力とは一線を画す、新規就農者らしい挑戦だ。この柔軟性は、システムの活用にも生きている。

鈴木を含め、全員が稲作の経験ゼロから始めたスタッフで、どうやって広大な農場を管理しているのか。じつは二〇一八年ごろ、約七十ヘクタールだった田んぼを減らそうと考えたことがある。田んぼの数が余りに多く、しかも遠い場所にもあるため、作業が追いつかないと感じていたからだ。窮地を救ったのが、クボタが開発した農作業の管理システム「ＫＳＡＳ」だ。

ライスボールが管理している田んぼは四百枚近くある。田んぼが細切れの日本の稲作における最大の弱点だ。ＫＳＡＳは水田ごとに誰がいつどんな作業をしたかをスマートフォンで入力し、クラウド上で管理するシステム。鈴木はこれを使い、仕事に無駄がないかを洗い出し、効率的に栽培できるよう作業体系を組み直した。その結果、二〇一八年より面積が十ヘクタール増えたにもかかわらず、二〇一九年は田植えを十日ほど早く終えることに成功した。

鈴木はどうやってそれが可能になったかを、事務所の壁にかけた大きなモニターを使いながら説明してくれた。画面に映し出されたのは、圃場ごとの作業の進捗状況を示す地図や、スタッフがどの田んぼでトラクターやコンバインを何時間使ったかを示すグラフだ。「これを見ると、田んぼと田んぼの間を行ったり来たりしていることがわかるでしょう」。田んぼに水が十分に入っていないのに代かきを始め、途中で作業がストップしてしまったのだ。

これより前、同じシステムを導入したベテラン農家に取材したことがあるが、これほど目を輝かせて効果を語ってはくれなかった。ベテラン農家はシステムがなくても、たいていのトラブルは経験を頼りに解決してしまうからだ。これに対し、鈴木は「スポンジが水を吸収する」ように、システムを使いこなしていった。白地に絵を描ける新規参入者の特権と言えるだろう。

システムの恩恵はおにぎりの味にも及んでいる。一般にコメの味は、タンパク質の含有量が高過ぎると落ちる傾向がある。KSASは、コンバインで収穫したときに自動的にタンパク質の量を測ることができる。鈴木はこの機能を使い、含有量が一定の比率以下のコメを選別することにした。粒の大きさと味の両面で、おにぎりの品質を高めたのだ。

経営を貫くのは新規参入らしい発想の柔らかさで、その点は出店の仕方にも共通している。店をどこに出そうかと考えるとき、目安にするのは、経営が順調そうに見えるコンビニが近くにあることだ。「立地の良さを調べるマーケティング力も資金もうちにはありませんから」。おにぎりの販売では負けないという自信が背景にある。大胆不敵と言うべきか。

「素人の状態から始めたので、みんなで勉強しながらやってきた。若い世代が楽しく農業をやっていることを発信したい」。アイデアとやる気次第で、コメビジネスがまだまだ伸びる可能性を感じさせるエピソードだった。

「話が独り歩きしているんです」

ライスボールの例は、新規参入者がシステムを使うことで、成長過程で直面する課題を突破できることを示した。栽培効率を劇的に高めるカゴメの農場のような技術と並び、農業の未来にとってとても大きな意義を持つ。多くの農業経営が代替わりの時期を迎えているからだ。日本を代表する大規模稲作農家であるフクハラファーム（滋賀県彦根市）を例にとり、そのことを考えてみたいと思う。

フクハラファームは、土地改良事業を担う事務所に勤めていた現会長の福原昭一が、一九九〇年に就農してスタートした。一九九四年には有限会社を設立し、法人経営に移行した。無農薬のアイガモ農法や有機栽培など、安全・安心を掲げる環境配慮型の農法で知られる。

まずは経営を概観してみよう。栽培面積は約二百ヘクタール。日本のふつうの農場と比べると、「超」のつく大規模経営だ。品目はコメが中心で、さらに転作作物の麦のほか、キャベツなどの野菜も育てている。

取材対象は、創業者である福原昭一の長男で、二〇一七年四月に社長に就いた福原悠平だ。農場を訪ねた二〇一八年九月は、広大な田んぼで稲刈りが佳境を迎えていた。当然、事務所でゆっくりお茶を飲みながらインタビューを受けているような時間的余裕はない。田んぼと乾燥施設の間を往復し、収穫した稲を運ぶトラックに同乗しながら、経営の課題について質問した。

取材内容はまず先に記したような、創業の経緯や現在の栽培状況など、経営の基本的な内容に関するやり取りから始まった。流れが変わったのは、情報通信技術（ＩＣＴ）など先端技術の活用に触れたときだ。メガファームとも呼ぶべき広大な農場が、システムを活用するのは当然と見られている。だが、福原は情報システムの活用が話題になったとたんトーンを変えた。

「すごい先進的な経営っておっしゃっていただくこともありますけど、やるべきことを地道にやるというスタンスでやっているだけです。あまりそういうふうに注目されるのは、正直どうかなって思うんです」

フクハラファームは、富士通が開発したクラウドシステムの「Ａｋｉｓａｉ」を使い、誰がどの田んぼでどんな作業をしたのかを、データで管理している。農場が大きくなるほど複雑で難しくなるトレーサビリティの蓄積もしっかりやっている。ふつうそういう話を聞くと、「規模拡大が進む農業のモデルケース」などと書きたくなる。だが福原はこう続けた。

「メディアの取材も視察も、ＩＣＴの話を聞かせてほしいという要請が圧倒的に多い。でもマスコミが言うのと違って、ものすごい高度なことをじつはやってません。話が独り歩きしているんです」

取材の意外な展開に驚いたが、この言葉の意味は思いのほか重く、スマート農業の価値を理解するうえで貴重な示唆に富んでいた。

ドンブリ勘定のようでも健全経営

何も福原は、情報システムを活用する意義を否定しているわけではない。とくにフクハラファームのように広大になると、新しく入ったスタッフのためにも、農作業のデータ管理は必須の条件だ。エクセルと違い、データを加工するための計算式を自分で打ち込む必要のない使い勝手のいいサービスも必要だろう。Ａｋｉｓａｉはその意味でも効率的だ。だがそれを踏まえたうえで、「使い勝手の悪いシステム」を否定すべきではないと強調する。

ここで福原が挙げたのは、「同年代の友人」の例だ。二十ヘクタールほどの農場を父親と二人で経営しているその友人は、エクセルや手書きでいろいろな情報を記録している。「別にＩＣＴを使っているわけではありません。それでも、たぶんうちより自分の経営の中身を細かく管理してると思います」。

福原がくり返し強調したのは、「順番が逆」ということだ。記者や視察団からよく、「システムを導入したことで、どれだけコストが下がったか」などと聞かれる。こういう質問を受けると「効率が良くなるのが当然と思っているのではないか」と感じてしまうのだという。

それでは、「正しい順番」は何を指すのか。まず自分の経営の中身を把握し、どこに問題があるのかを理解する。そのうえで、どんな情報を知れば問題が改善するのかを考え、システムを活用する。福原は「なぜシステムを使うのか、その理由のほうが大事」と強調する。

念のために触れておくと、福原は「Ａｋｉｓａｉ自体は本当に素晴らしい」と話す。問題と思うのは、システムを使う目的をまだ十分に達成できていない点だ。全国でも有数の大規模経営を一年前に継いだ人のコメントとしては、あまりポジティブでない言い回しが多いと思うかもしれない。

本題に入ろう。社長に就く前、自社の農場の実態を把握して問題点を洗い出すことを目的に、九州大学の研究プロジェクトに参加した。

「例外もあるかもしれませんが、農業経営は補助金もあるし、たいていドンブリ勘定です。うちもその例外ではないかもしれない。もし補助金がなくなってしまえば、経営がやばいことになるくらいに思ってました」

ところが調査を通して改善すべき点を見つけるどころか、自社の経営の意外な強さに気づいたという。「自分で言うのも何ですが、思っていた以上に健全だったんです。在庫管理も十分とは言えないし、棚卸しもしっかりとはやり切れていませんが、それでもきちんと利益が出ているんです」

父親の圧倒的な技術とシステム

調査を通して見いだした経営の強みは、圧倒的な栽培技術にあった。「なぜ健全なのかと言うと、うちは収量が多いんです。十アール当たりの収量は六百キロ。周囲の農家より一割以上多い。

それを支えているのは、親父の経験と知識です。それを残していかなければならない。それが調査で得ることができた結論です」

「一割以上」と聞くと、それほど大きな差でもないと感じるかもしれないが、驚くべきはそれを二百ヘクタールの広大な農場で実現している点にある。狭い面積で手間をかけて高収量を実現しているのとはわけが違うのだ。

では、福原が言う父親の「経験と知識」とは何か。一言で言うと、それは「観察力」を指す。

「圃場をよく見て、すごいまめに観察しているんです。観察しようという意識と言ったほうがいいかもしれません。おまえはそういう意識が足りないとよくしかられます」

ここまで来れば、「システムを導入したことで、どれだけコストが下がったか」という質問に違和感を持つ理由もわかるだろう。そもそも生産のレベルが飛び抜けているのだ。父親が時間をかけて築いてきたそういう栽培技術を相手にして、システムを入れただけですぐ効率が向上すると思うほうがおかしいのだ。

「ものすごい高度なことをじつはやってません」というセリフを先に紹介したが、それは「システムを活用して」という条件付きの言葉だ。父親が実現した高収量の経営を軽視しての発言ではけしてない。

そのことに気づけば、システムを活用する意味も見えてくる。「うちもまだ規模が拡大していくでしょう。でも規模が増えても管理がずさんになり、収量が減ってしまっては意味がない。管理レベルと収量を維持することが前提としてあるんです」。ここまでくると、ネガティブに聞こえた言葉が、じつは自らの経営を確立するための覚悟を背景にしていることがわかる。

このやり取りのなかで、筆者は別の地域で取材したエピソードを紹介した。神奈川県でハウス栽培をしている農家が、温度や日照量などのデータを自動で計測し、タブレットで作業を管理するシステムを導入した。そこで、「お父さんを超えましたか」と聞くと、「とんでもない。親父のハウスにもシステムを入れて、どうやっているのか探りたいくらいです」と答えた。

この話を福原に伝えると、「その気持ちすごいわかります」と同意した。目的は技術の伝承。だがそれは、システムのなかにあらかじめ答えが入っているような単純な話ではない。広大な農場をシステムで管理するノウハウを身につけながら、父親の技術を理解し、キャッチアップするための挑戦だ。

現代の様々な先端技術には、長期的に見て農業を変革するポテンシャルがある。だが、経験を積み重ねて到達した技術へのリスペクトを欠いたままでは、新しい技術も進むべき方向を見失って漂流するだろう。そして、少なくとも農業の多くの場面で、新技術はなお匠の技を理解する過程にある。

それゆえに、稲作など多くの農業分野は、システムを活用する前提として、「人の成長」の成否を無視することはできない。そこで、第二章で取り上げた横田農場と新技術との関わりを紹介して本章を締めくくろう。

農家主導のシステム開発

テーマは「下から目線」のイノベーションだ。

農業のイノベーションという言葉を聞いて、何を思い浮かべるだろうか。人が植えない、人が管理しない、人が収穫しない、人が運ばない、そして人が見ない――。AIやITの農業への応用という言い方は、ともすると無人化を究極の目標とする発想が暗黙のうちに潜んでいる。

くり返しになるが、工場型の農産物の生産と違い、稲作はしばらくの間、無人化するのはかなり難しい。田んぼはコントロールできない環境の変数が多過ぎるからだ。だがそれは、けして稲作の後進性ではない。

高齢農家の大量リタイアによる農地の集約という構造変化は、生産の仕組みにも変革を迫る。カギを握るのは技術革新だ。問題は、その技術を誰がどうやって生み出すかにある。商機を狙い、農機をはじめとする各種メーカー、ベンチャー企業などが開発を競っている。

そこで素朴な疑問がわく。農家が自ら新しい技術を開発することはできないのだろうか。現場の課題を一番知っているのは農家だ。ゼロアグリを導入した長嶋智久は、カラオケハウスを自力で改造して育苗用の「ミニ植物工場」に作りかえた。同様のことが、稲作でもできないのだろうか。この問いに答えを出そうとし続けているのが、茨城県龍ケ崎市の横田農場だ。

取り上げるのは、農業技術の研究を手がけるベンチャー、農匠ナビ（滋賀県彦根市）だ。社長は横田農場の横田修一。彦根市という本社位置で想像がつくかもしれないが、フクハラファームも一緒になって立ち上げた。技術開発を九州大学教授の南石晃明がサポートしている。

横田農場やフクハラファーム、そして南石は、農林水産省の予算で稲作の経営革新を追究した「農匠ナビ一〇〇〇プロジェクト」の参加メンバーだった。ベンチャー企業として立ち上げた農匠ナビは、この研究プロジェクトの成果を実用化するのが設立の目的だ。フクハラファームが自社の収益構造を分析したのも、このプロジェクトだ。

ししおどし方式で水やりを自動化

稲作を効率化するため、農匠ナビが開発したシステムは、名前が「農匠自動水門」。開発の背景にあるのが、昔ながらの日本の水田風景だ。田んぼに水を入れるため、地中にパイプラインを埋め込んだ農場はごくわずかで、七割はあぜの脇の溝を水が流れているのが見える開水路だ。

田んぼの周りで水のせせらぎが聞こえる様子は部外者には心地いいかもしれないが、農家にとっては悩みのタネだ。水を田んぼに引き込む水口にゴミがたまってしまうからだ。パイプラインならシャッター方式で水やりを自動化することができるが、開水路はそうはいかない。

これまで農家は、水口に挿した板を手で上げ下げして田んぼに入れる水の量を調節してきた。その延長で、板の上げ下げを自動化した設備もある。だが、水口に砂利やゴミがたまると、板がきちんと下がらなくなる。そこで、「ギロチン式」と言われるように、かなり強い力で閉める機械もあるが、完全にゴミの影響を排除することはできない。その結果、ゴミを取り除くためにときどき人が見に行くことになる。それでは、自動化の意味をなさない。

農匠ナビはこの難題を解決するため、田んぼと開水路をつなぐ短いホースをシーソーのように上下させることで、水やりをコントロールすることにした。イメージは日本庭園の「ししおどし」。ホースの田んぼ側の先が下がると水が入り、上がると水やりが止まる。水口を板で塞がないのでゴミはたまりにくいし、たまっても水の勢いで田んぼに落ちるが、何の問題もない。

「なんとローテクな」と思うかもしれないが、ししおどし方式にすることで、稲わらや砂利が水の流入を邪魔するのを防ぐことを可能にした。もし日本中の田んぼの用水をパイプラインにすることができれば、水口のゴミ問題は発生しない。では、家庭に水道を通すように水田にパイプラインを張りめぐらすには、どれだけの資金が必要になるのか。それを誰が負担するのか。

水田の状況を前提にすれば、ローテクかハイテクかが問題なのではなく、現実に使えるものかどうかが重要だということに気づく。横田は「農家の目線で開発した」と強調する。彼らが求めているのは、遠い未来のイノベーションではなく、明日の経営に直結する実用技術なのだ。

田んぼのなかから発想する

ジャーナリストを対象にした農匠自動水門の見学会が、二〇一八年六月に横田農場で開かれた。

確かにそれは、手づくり感が前面に出た機械だった。金属製の四角い箱が田んぼのへりに刺さっていて、くりぬいた箱の真ん中に「ししおどし」のホースが釣り下げられている。ホースの田んぼ側が斜めに上を向いているので、給水はしていない状態だ。見学会だからと言って、無理に水を入れたりしないのは、そこが実際に営農している田んぼだからだ。研究用の圃場ではない。

集まったのが農業のことをよく知らない記者だったら、このシンプルな機械を見て、がっかりしただろう。だが、この日集まったのは、農業専門の記者だ。知人のフリージャーナリストも説明を聞きながら、「やっぱりこういうのが、地に足がついていていいね」と感心していた。

「デジタルだと格好良く感じるかもしれない。でも、ぼくら農家が目で見た感覚で水位を合わせることができるのが重要と思ってます」

現場で横田が語った言葉だ。ししおどしを上下させるのは、自動制御。ただ、田んぼの水位がどうなったら水を入れるかは、田んぼの状況を見て農家が判断して設定する。何気ないセリフに聞こえるかもしれないが、あえて自分たちのやっていることがアナログ的だと受け止められかねない言い方をする背景には、「そうでなければならない」という強い確信がある。

これに関連し、見学会に立ち会った九州大学の南石は「田んぼは鏡のように平らではない」と説明した。水面は平らでも、なかの土の高低は一様ではない。工場と田んぼは違う。その前提を覆そうとしていたら、いつまでたっても技術を実用化できない。横田によると「あそこに土が見えているから、もっと水位を上げるべきだと判断する」。それはセンサーにできることではない。徹底的な現場目線。まるでカエルのように、田んぼのなかからどんな技術が必要かを考える。

稲が今まさに何を求めているかを考えるように――。

そんなことを思いながら、改めて給水機を見ると、上のほうにスマホがくっついていることに気がついた。スマホには粘着テープが貼ってあり、これまた手づくり感が半端ない。南石によると、このスマホで田んぼの様子を写真に撮り、サーバーを経由して画像を一時間ごとに自動送信しているという。南石のスマホを見せてもらうと、稲と水面の様子が写っていた。

これも田んぼの特性をもとにしたアイデアだ。例えば、センサーで測ると水位はゼロ、つまり土の高さまで水が引いたと判定するかもしれない。だが、実際には土がほとんど乾いていたり、逆に水を十分含んでいたりすることがあり得る。センサーの情報を画像で補足して、両者の違いを把握する。

こうして蓄積した画像情報をAIで分析することで、水田の状況を自動で判定できるようにすることも視野に入れている。見た目はアナログでも、最新技術を無視しているわけではない。研究者がチームに加わる意味はそこにある。

農家は必ず田んぼに行く

全体を貫くのは、「人が一番大事です」という横田の発想だ。開発に参加したメンバーもその思いを共有し、稲作の未来を考える。

南石は「我々は農家がまったく田んぼに行かなくなることを目指してはいない」と強調する。

すべてを自動化することが近未来的に不可能である以上、人が現場で田んぼのことを理解することが不可欠だからだ。自動給水機は、その負担をいくらかでも緩和することに意味がある。「我々は稲作の経営改善にどう役立つかという観点に特化している。なんだかすごい、というような技術が現場で普及するわけではない」

だから、メーカーが造る農機にときにあるような、過剰な機能は慎重に排除されている。コメ農家はいくら自動制御の機械ができても、どこかのタイミングで自分の目で田んぼを見ようとする。それは必ずしも、非合理的と否定すべきことではない。

事前にどんなに田んぼを整備しておいても、台風であぜが崩れてしまうかもしれない。予想外の病気が発生する可能性もある。天候次第で水のやり方を変える必要も出てくるだろう。目まぐるしく変わる栽培状況を考えれば、人が自分の目で状況の微妙な変化を察知し、機動的に対応することがどうしても必要になる。むしろ、熟練の作業員が最も合理的に作業できるように、新しいテクノロジーを駆使した機械を開発していくべきだと思う。それをやりながら漸進的に、匠の技を機械に移行させることを考えていったほうがいいだろう。

物事の全体を上からながめることを、「鳥の目線」と表現する。それとの対比で考えれば、「カエルの目線」とでも言うべきか。田んぼで起きる様々な変化を間近に見て鋭敏に察知する技量で、AIを活用した機械を使いこなす。近未来を想像しても、それが理想の姿だと思う。

ちなみに、見学会では自動給水機を試験的に使ってみた農家へのアンケート結果も公表していた。「水管理の省力化の効果を感じている農家」が七五%を占めるなど、給水機が一定の評価を受けていることがわかった。

面白かったのは、「設置の容易性」。「簡単」が五〇%で、「やや簡単」が一〇%という評価もさることながら、この質問で農匠ナビが、自動給水機を農家が自分で設置することを前提にしていることが、浮き彫りになった。業者に手数料を払って設置してもらうのではなく、農家が自分でできるようにする。その徹底ぶりにいい意味でおかしみを感じた。

第四章
東京ネオファーマーズの登場

さいたまヨーロッパ野菜研究会が栽培したカラフル野菜

一　世界を旅する農業者

ナフィールドジャパンの誕生

一国の食料の供給能力を構成する要素は三つある。農地と農業技術、そして生産者だ。このうち生産者に関しては、かつては想像できなかった起業家タイプの経営者が登場している。第三章で紹介したライスボールの鈴木貴之は、そうした経営者の一人だろう。

驚くべき変化はなお進行中で、彼らのなかから世界への扉を開く人たちも現れた。農産物を海外に輸出するといったシンプルな話ではない。世界中の農業者と交流し、ネットワークをつくることで、自らの経営に活かそうという試みだ。農業の未来の担い手たちを、世界への旅に送り出す奨学金制度の運営組織「ナフィールドジャパン」が二〇一九年七月に誕生した。

ナフィールドは七十年以上の歴史がある国際的な奨学金制度で、現在はオーストラリアに本部がある。農業・食品関係の企業や団体がスポンサーになり、英国や米国、カナダ、チリ、オーストラリア、ジンバブエなど世界中の農業関係者から約八十人の奨学生を選抜。二年間にわたって様々な国を訪ね、先進的な農業技術や農産物流通、食品産業について学ぶ。すでに千七百人の奨学生がこの制度を体験し、国境を越えるネットワークを築いている。

日本で初めてこの制度への本格参加を目指すナフィールドジャパンは、一般社団法人として設立された。代表理事に前田農産食品（北海道本別町）社長の前田茂雄が就き、理事には浅井農園（三重県津市）社長の浅井雄一郎、植物工場ベンチャーに勤める藤田葵、くしまアオイファーム（宮崎県串間市）副社長の奈良迫洋介が名前を連ねた。

ナフィールドの奨学金制度に農業者を送り込むため、必要となる資金は一人当たり六万ドル。一年目の二〇二〇年に二～三人が参加することを目標に掲げており、第一号のスポンサーには農協金融の上部組織の農林中央金庫が名乗りを上げた。政府はここ数年、農産物の輸出振興の旗を振っている。その影響で、生産者がグローバルな感覚を身につける必要があるという認識が農業界で高まっていることが、スポンサー集めで追い風になった。

国内ではわからない「気づき」を得る

奨学生の年齢のメドは二十～四十代。学歴は問わないが、英語でコミュニケーションし、報告書を書く語学力は必要になる。だが何より求められるのは、農業をはじめとして第一次産業にダイレクトに関わり、自らの経営を通してその発展に寄与しようとする情熱だ。理事やスポンサー企業が奨学生の選定にあたって面接し、なぜナフィールドに挑戦したいのかを確かめる。

ここで「情熱」という言葉には注釈が必要だろう。頑張っている農家の多くは「地域に貢献したい」という言葉をほぼ例外なく口にする。地域貢献はもちろん大切だ。だが事務局が求めているのは漠然とした思いではなく、自らの経営と地域にとって何が課題かを突き詰める問題意識だ。その答えのヒントをつかみたい人のために、旅のチケットが用意される。

ナフィールドジャパンの発足後、各国の奨学生が最初に一堂に会するのは二〇二〇年三月に開かれる交流会だ。開催場所はオーストラリアの予定。八日間程度の日程で、奨学生がそれぞれどんな経営をしているかを理解し、様々なテーマを議論したり、現地の農業を見学したりする。

次のステップはいよいよ各国の視察だ。奨学生ごとに自分の研究テーマに合う国を選び、八～十人のチームで一カ国に一～二週間程度、合計で六～七週間滞在し、農業関連企業や政府、研究機関などを訪ねる。チームでの訪問は、奨学生として参加した海外の農業者と人脈を築くことができる濃密な時間になるだろう。二〇二〇年七月ごろまでにこの視察を終える。

ここから先は、奨学生がそれぞれ自分で旅の計画を立てる。期間は七～九週間。チームで様々な国を訪ねた経験を踏まえ、自分でアポイントメントを入れて単独で調査対象の国を訪ね、研究を進める。奨学生の選定に際し、課題を具体的に分析する力が問われるのはこのためだ。そして二〇二一年十月までにリポートをまとめ、スポンサー企業などに提出する。

ナフィールドへの参加は、国際的な人脈を築き、グローバルにビジネスを展開するきっかけになる。それは将来、海外から農業機械やタネを調達したり、もっと直接的に輸出のチャンスをつかんだりすることにつながるかもしれない。だがそれ以前に、国内にいるだけではわからない様々な「気づき」を得ることに大きな意義がある。

そのことを説明する前に、ナフィールドジャパンを立ち上げた前田茂雄と浅井雄一郎という若い農業者の経歴に触れておこう。

モンストとコラボした前田農産

前田茂雄を取材していると、いつも浮かぶのは「規格外」という言葉だ。二〇一九年三月には、スマートフォンの人気ゲームアプリ「モンスターストライク（モンスト）」を手がけるミクシィとコラボした。ミクシィによると、これまで吉野家やマクドナルドなど様々な食品関連企業とコラボしてきたが、農家と組むのは初めてという。

コラボの対象になったのは、前田農産が製造したポップコーンだ。形状は、文庫本ほどの大きさの硬い板状の袋。電子レンジで加熱すると「ぱんっ、ぱんっ」という音を立てながら、みるみるうちに膨れあがり、袋を開けるとはじけたトウモロコシの香りが熱気とともに飛び出す。

ポップコーンは、トウモロコシの栽培から袋詰めまですべて自社で行っている。日本の農家でポップコーンの一貫生産を手がけている例は聞いたことがない。農水省は農家が自ら加工や販売を手がける六次産業化を推奨しているが、そのなかでも先進的な事例と言えるだろう。

ミクシィとのコラボでは、「十勝ポップコーン」や「モンスターストライク」などのロゴに加え、ゲームのキャラクター「オラゴン」を印刷したカードを、板状の袋と一緒にビニールに入れた。オラゴンの好物はポップコーンという設定になっていることが、両者がコラボするきっかけになった。

　前田農産の作物は小麦がメーンで、トウモロコシは二〇一三年から栽培し始めた。そして小麦でも、前田はほとんどの農家が抱かないある素朴な疑問から出発し、事業を成長させてきた。

「自分の作っている小麦はおいしいんだろうか」

　自分の栽培した作物の味が優れているかどうかを知りたい。当然の問いかけと思われるかもしれないが、じつは小麦農家としては極めて珍しい発想だ。多くの小麦農家は自分の小麦で作ったパンの味についてそれほど関心を持っていない。持ったとしても、それを確かめるすべがない。

　コメも小麦も穀物という意味ではどちらもコモディティーの性格が強い。だがコメは産地が特Aの獲得を目指す食味検査があるほか、農家が自分のコメをブランド化することも盛んになっている。これに対し、小麦はほとんどの場合、農協などに出荷したらそれで終わり。そのあとは誰かが作った小麦とブレンドされ、名もない小麦粉としてパンやうどんの原料になる。

「これでは本当に求められている小麦かどうかわからないではないか」。そう思った前田は、間に農協などを挟まず、ベーカリーとじかに接点を持つようにした。製粉会社と播種前契約を結んで直接出荷し、小麦粉を買い戻してパン屋に売る。このパイプを強めるため、栽培時にセンサーを使ってタンパク質の含有量をコントロールして味の向上に努めた。

　ここで注目しておくべきなのは、前田農産食品は北海道・十勝地方にある百ヘクタール強の農場で、生産効率と食味の改善を同時になしとげたことだ。隅々まで目が行き届く小さい畑ではなく、広大な農場で原料の供給者にとどまっていない点に意義がある。

こうしてベーカリーとの間で「顔の見える関係」を築いた前田が、次の戦略作物として選んだのがトウモロコシだった。

農業王国・北海道の弱点を克服

前田がポップコーンの生産へと歩を進めたのは、冬場は外で作物を作れないという農業王国・北海道の弱点を乗り越えるのが目的だ。ハウスで作物を作る手もあるが、当然、燃料費がかさむ。これに対し、トウモロコシは穀物なので貯蔵がきき、通年でポップコーンに加工できる。

ここからが苦労の連続だった。作り慣れた小麦をブランド化したのとは違い、トウモロコシの栽培はなかなかうまくいかなかった。二〇一三年に五ヘクタールで作ってみたが、霜に当たって十三～十五トンがダメになった。

ほかの作物を作っていれば、四百万～五百万円を稼げる面積で、売り上げを失った。ここで退くか、前に進むか。前進するための手がかりにしたのが、本場である米国の状況だ。栽培の最北端をインターネットで調べると、サウスダコタ州辺りだということがわかった。アポを入れ、自らサウスダコタに飛んだ。

行ってわかったことは二つあった。まず米国でポップコーン用のトウモロコシ栽培の最北端に位置していても、積算温度は北海道より高い。つまり、気温の低い北海道で栽培を成功させるうえで、あまり参考にならない。

よかったのは、訪ねた米国の農家も栽培で二回の失敗を経験していたことだ。面積ははるかに広い百五十ヘクタール。もともと肉牛を三万頭飼う畜産農家だったが、宅地開発で立ち退きにあって畑作に転向し、苦労して栽培を軌道に乗せた。「上には上がいる。生き方ってこういうもんだ」。米国の農家と話し、挑戦心に再び火がついた。

二年目の二〇一四年は栽培はうまくいったが、サクサクしたおいしいポップコーンにならなかった。日本は湿度が高いために乾燥機のパワーが米国より強く、粒に傷がついてしまったのだ。三年目は勝負の年。粒が傷つかないよう乾燥方法を改めたうえで、米国のメーカーから機械を輸入した。乾燥させたコーンを、ポップコーン用の特殊な袋に詰める専用機械だ。

ここで、前田農産の経営を何が支えているかが鮮明になる。思いついたら前に進むことをためらわない前田の行動力はもちろん大きい。だが、その行動が国境を軽々と越えるのを可能にしているのは、彼の語学力だ。

前田は農業分野で有名な米テキサスA&M大学とアイオワ州立大学に留学した経験がある。動機は「カウボーイに憧れていたのと、英語ができれば農業機械の情報を入手しやすくなると考えたから」。北海道の先進農家らしい発想だろう。この経験があるので、英語でのコミュニケーションには不自由しない。大企業と違い、語学が堪能な人材を採用するのが難しい農業法人にとって、トップの語学力は経営の機動性を高めるうえで大きな武器になる。

スタッフがスカイプでオランダと会話

「農業はクリエーティブなビジネスだ」。ナフィールドジャパン設立のもう一人の立役者、浅井雄一郎はこんな言葉を気負いなく語る。日本の農業に長く漂ってきた閉塞感を吹き飛ばす可能性を秘めた浅井も前田と同様、過去の農業者にはなかった国際性が強みになっている。

三重県松阪市にあるトマト農場は、二〇一四年に稼働し始めた。運営会社はうれし野アグリ（同市）。浅井が率いる浅井農園と三井物産、辻製油（松阪市）が共同でつくった会社だ。これまでにオランダの元首相のヤン・ペーター・バルケネンデやマレーシア元首相のマハティールなど、各国の有力者がこの農場を視察に訪れている。

設備は、太陽光型の植物工場で世界の先端をいくオランダ製。ここまではよくあるケースだが、画期的なのは、植物工場でネックになりやすいランニングコストを抑えたことだ。隣接する辻製油の工場で発生する廃熱と、地元の間伐材を使ったバイオマス蒸気の熱を冬の暖房に利用することで、燃料費の圧縮を可能にした。

ポイントは、バイオマス蒸気の大半を製油工場が使っている点にある。トマト農場で必要な熱は、バイオマスボイラーをフル稼働させるほど多くはない。工場の廃熱も蒸気も、余った分を使う仕組みにすることで、光熱費を破格の安さに押し下げた。浅井は「真っ白なキャンバスに絵を描くようにビジネスを考えるのが好きですが、このアイデアは傑作だと思います」と話す。

見学者の目を奪う特徴はほかにもある。農場の面積は二ヘクタールと広大で、数万本のトマトの木からミニトマトの房が垂れ下がる。その赤色が、真っ白な柱や床のシートをバックに映えて美しい。だが筆者が思わず足を止めたのは、農場の事務所でパソコンに向き合うスタッフの会話だった。

「オランダのコンサルタントと話してますね」。浅井はさらりと説明したが、スタッフがスカイプで話している言葉はすべて英語。しかも、「生育が予想より悪い」「気温と湿度はどうだった」といった会話には、浅井が運営している別の施設で栽培方法を研究している中国人の職員も参加していた。

現代の篤農は国境を越えるバックパッカー

浅井は高校時代のことを「勉強が中途半端で、もんもんとしてました」とふり返る。農場経営のかたわら、三重大学の大学院でトマトの育種研究をテーマに博士号を取得した現在の姿からすると意外な印象を受けるが、当時は大学に進むかどうかさえ迷っていた。そんなとき、高齢の教師が放課後の時間を使って英語を教えてくれたことが、その後の歩みにとって大きな糧となった。

次のステップは大学時代。二年生のときに米シアトルの近くの農場で三カ月働き、ビジネスとして確立されている農業を知って「カルチャーショックを受けた」。肥料をまくチームや農薬をまくチームに従業員が分かれ、作業の目的がはっきりしていた。「日本の農業はちょっとやばいんじゃないかと思いました。自分のやるべきことがわかった三カ月間でした」

この研修を境に、アルバイトでお金をため、大学が休みになるたびに海外の農場を訪ね歩くようになった。欧州を手始めに、カンボジア、タイ、ベトナム、インドネシア、中国とバックパッカーの旅を続けた。

就農したのは二十代後半。東京のコンサルタント会社で数年働いてから実家に戻ったとき、植木の生産と販売という実家の仕事は先行きが見通せなくなっていた。このとき新たな作物として選んだのがトマトだった。

トマトの糖度を高める栽培方法をとったことで、スーパーの社長が「いくらでも買うよ」と言ってくれるなど、評判はまずまずだった。ただ木にストレスをかけて糖度を高めるやり方だったため、収量が増えないという難点があった。どうすれば味を落とさず、収量を高めることができるのか。ここで浅井が目を向けたのが、海外だった。

はじめに行ったのはカナダだ。そこで最新鋭の施設を見て驚いていると、農場のスタッフから受けた説明は「これはオランダの技術」。浅井がトマトの栽培を始めてから三年目のことだ。世界の最先端を自分の目で直接見るため、翌年にはオランダを訪ねた。

ここで浅井がとった行動がふつうの農家と違うのは、「二日間働かせてほしい」と頼み、栽培の仕組みを内側から確かめたことだ。浅井は「バックパッカーと同じ。自分の自由な時間を使い、やりたいことをやるのが一人旅の醍醐味です」と話す。たいていの視察ツアーは大勢で農場を訪ね、通訳を介して説明を聞いて次の場所に移る。両者の違いはあまりに大きい。

このオランダ訪問にはもう一つ大きな収穫があった。品種メーカーの研究所を二カ所訪ねたのだ。これをきっかけに優れた品種を求め、オランダだけでなく、ベルギーやイスラエル、スペイン、米国などを訪ねるようになった。

経営者であると同時に、研究者でもあるという資質が、こうした活動を支えている。もともと篤農家と呼ばれる人たちは、品種改良や技術開発で地域を導くリーダーだった。浅井はそれを、博士号をとった専門知識と語学力で現代によみがえらせた。それを象徴するのが、二〇一五年に建てた研究棟だ。品種の特性をここで確かめ、本格栽培に移すべきかどうかを判断する。

世界一周より刺激的な十日間

営農のスタイルは違うが、海外を知っていることが経営の武器になったという点で、前田茂雄と浅井雄一郎は共通している。同様の体験を他の若い農業者もしてほしいと思い、立ち上げたのが、ナフィールドジャパンだ。

発端は二〇一六年。まず前田がナフィールドの存在を知り、奨学生ではなくゲストの立場で三月の交流会に参加した。日本人としては初の参加だ。行ってみて気づいたのは、参加者の多くが輸出を意識していることだった。ここで前田は「北海道から本州に売り込もうとしている点では自分も同じ」と思ったという。触発されて「自分も輸出しよう」と短絡したりせず、応用できることを探そうとする姿勢に前田の経営感覚が表れていると言えるだろう。

このバトンを受け取ったのが浅井だ。都内で開かれたパーティーで前田と知り合って意気投合し、二〇一八年にゲストとしてナフィールドに参加した。帰国後に感想を聞くと、興奮気味に次のように語った。

「本当のことを言えば、僕はビジネスで世界中に行っているから必要ないと思ってました。でも行ったら、むちゃくちゃよかった。熱い議論を交わした、世界一周するより刺激的な十日間でした。みんな自分たちがこれからどんな農業をしていくべきかという課題認識、パッションがありました」

ここまで来れば、なぜ二人がナフィールドジャパンを立ち上げたいと思ったかがおわかりいただけるだろう。二人は何も、物見遊山や商談のためにゲスト参加したわけではない。農業の未来に希望を抱く世界中の農業者と接することで、自らの経営をさらなる高みに引き上げるためのきっかけを得てきたのだ。浅井は「行かなかったら、自分の人生で成長の機会を失うところでした」とも話した。それは、マニュアル本にすらすら書けるような内容ではなく、経営を支えるマインドのようなものだろう。これで流れは決まった。

二〇一九年には最後のゲストとして藤田葵と奈良迫洋介が交流会に参加した。二人のミッションは、ナフィールドジャパンの設立について本部から承認を取り付けることだった。世界への扉はこうして大きく開かれた。

法人化で花開いた平成の農業経営

一九八〇年代のバブルの宴が崩壊したツケを負わされた平成時代は、とかく「失われた三十年」といったネガティブな言葉で表現される。だがこと食と農に関する限り、昭和時代には考えられなかったような進化をとげた。食については別の機会に譲るとして、本書のテーマである農業に関しては「経営」という考え方が本格的に浸透した期間だった。

農家がグループをつくって共同出荷を始めたり、加工に進出して事業を大きくしたり、有機栽培で新たな販路を築いたりと、経営モデルはバラエティーに富み、農業がビジネスとして成り立つことを証明する人たちが続々と登場した。たんなる農作業者から脱皮したのだ。

それを象徴する組織が、日本農業法人協会だ。参加法人数は二〇一九年六月現在で二千三十五。発足したのは一九九九年で、同じ年に食料・農業・農村基本法も成立している。

「戦後農政の憲法」と呼ばれた農業基本法に代わって成立したこの法律には、第二十二条に「農業経営の法人化の推進」が明記されている。ときに家族の無償の労働に支えられる家族経営は、危機に直面したときに意外なタフさを発揮する。だがその延長では、新たな人材を農業に呼び込んだり、大規模化や効率化は難しいという問題意識が背景にある。

農家が家計と経営を切り分け、法人化して農業を営むのは今では当たり前になっている。だが会社の形で農業をすることに対しては、長い間、ある種の抵抗感があった。大地主による過酷な小作支配からの解放という形で戦後の農業と農政は出発した。農地法を含めて様々な仕組みはこの成果を守ることを優先課題にしてきており、今もその影響を完全には脱していない。

何か「大きいもの」への警戒感なのだろうか。家計と経営を分離したからといって、戦前のような大地主による経営支配が復活するとは思えないのだが、法人化が定着するまでには長い時間がかかった。

日本農業法人協会のホームページによると、徳島県のミカン農家が有限会社をつくったのが一九五七年。五年後には農地法改正で「農地を持てる法人」が制度化された。ここで農地がポイントになっているのは、「農地を持つこと」と「農業をすること」が不可分とされたからだ。不在地主の否定と、小作農から自作農への転換という農地解放の発想が色濃く反映されている。

その後、高度成長からバブル期を通して農地の資産価値が高まり、転用と転売が活発になった。農業界と産業界が利益を分け合う形で農地を減らしたこのプロセスを通し、「農地を持つ人」が必ずしも「農業をする人」ではないことが鮮明になった。農地を売って利益を得た農家を批判するつもりはない。違法転用は別として、他産業と同様、経済の論理で動いただけのことだ。

転機は平成になって訪れた。平成四年（一九九二年）、農林水産省は「新しい食料・農業・農村政策の基本方向」という名の政策指針を発表した。農業の向かうべき先を示したこの文書は、農業には「経営」が必要だと強く訴え、法人化を進めることを宣言した。まだ農業法人がほとんど農政と接点を持っていなかった時代の文書だけに、その先見性が際立つ。

これが画期となった。一九九九年の基本法の制定を経て、二〇〇一年には「農地を持つ法人」の株式会社化が解禁された。株式会社になることに伴う様々な変化はここでは省くが、ようは農業法人が「ふつうの会社」に近づいたということだ。すでにこのころには、規模拡大など営農を発展させるための基礎が「農地を持つこと」から「農地を借りること」に移行していた。二〇〇九年には農地を借りる形でなら、一般企業が農業をすることも自由になった。

加速する作業者から経営者への転換

ナフィールドジャパンの誕生は、農作業者から農業経営者へという変化が、世界への扉を開くまで発展したことを示す。食料の生産基盤である農地の荒廃というマクロの問題をいったん脇に置き、経営者の登場に話題を限定すれば、この流れは安定軌道に乗ったと言っていいだろう。

農業は日本の産業のなかで今やちっぽけな存在かもしれないが、地域社会と不可分であるがゆえに重心が低く、重い構造体だ。ベンチャー企業のような軽いフットワークで動くことはできないが、ゆっくりとではあっても時代の変化に応じて確実に変わっていく。その流れのなかで存在感を示す経営者たちは、他業界の起業家と並んでも遜色ない才気を輝かせている。

今も「農業はマーケティングが必要だ」と説く識者がたくさんいる。農業界全体を見れば、そう指摘する意義はなお残っているが、平成時代に農業界をリードした経営者たちはマーケティングの可能性を自らの経営で体現した。その次の世代として、前田茂雄や浅井雄一郎といった国境を軽々と越える経営者たちが農業の「新たな常識」を作ろうとしている。そして第一章で強調したように、これからもっと必要になるのは、農協が中心になり生産基盤を再構築することだ。

この流れは、この先も大きくは変わらないだろう。「重心が低く、重い構造体」はすでに変化に向けたスイッチが入った。その変化は必然的なものだからこそ、不可逆的で、農業界は今後も次々と新しい経営者を輩出することになる。「農業はしんどくて、もうからない」という農業界を長年覆っていた嘆きの声は、ベンチャー的な農業者の登場で相対化されるだろう。「やりようによって、農業にはたくさんのチャンスがある」。明るい哄笑が、農業の未来を照らす。

議論は大抵、このまま先へ進んで「農業の成長産業化」といったテーマに移る。だが本書はここでいったん、立ち止まる。経営に目覚めた農業者たちの価値はすでに十分過ぎるほど強調されており、マイナーな存在ではなくなったからだ。そのさらなる探究は、別の機会でやりたいと思う。

本書があえて向き合いたいのは、もっとスケールの小さい話だ。ずっと他産業に劣後すると見られてきた農業界で、白地のキャンバスに絵を描くような経営者が現れたのは、時代の大きな変化を示す。だからこそ、価値の転換をもっと進め、より注目を集めていなかった世界へと論を進めたいと思う。

それが、日本社会の新たな可能性を示すことになると思うからだ。

二　大産地に立ち向かうヨーロッパ野菜

さいたま市に欧州野菜の産地が登場した

ここから先、本書のテーマは都市近郊農業へと移る。

戦後の農政はずっと、地方で大規模に農業をやることを最も優先すべき課題として追求してきた。一九六一年制定の旧農業基本法は、製造業やサービス業で働く人と比べ、農家の生活水準が劣っていることを問題視し、「自立経営」を創出することを目指した。目的は農家が「他産業従事者と均衡する生活」を営めるようにすることであり、そのための方法が規模拡大や農業機械の導入だった。農政はこれを構造改善事業と呼び、財政で支援した。

この構想は事実上、絵に描いた餅に終わった。旧基本法は農村から都市へと労働力が移動することで、残った農家に農地が集まり、規模拡大が進むことを期待した。だが、多くの農家は次男や三男が「金の卵」として都市に移ったものの、長男は跡継ぎとして農村に残ったために農地の集約は進まず、「農家一戸当たり一ヘクタール」という零細経営のままにとどまった。

この構造が平成時代に始まった高齢農家の引退で変化し、規模拡大が進みつつあるのは、ここまで見てきた通りだ。地方で大規模に農業をやるという課題がついに実現した。だが農業の世界で都市は、引き続き蚊帳の外だった。

その都市農業で、新たな可能性が広がろうとしている。

地方なら広い農地を使って単一の作物を作り、栽培効率を高めて産地を形成することが可能になる。だが農地が狭い都市近郊では、同じやり方で地方と張り合うのは難しい。では都市近郊は産地化を諦めるべきなのか。

埼玉県朝霞市にあるイタリア料理店「ラグーナロトンダ」でナスのグラタンを試食した。グリルで焼き目をつけたナスは実がほぐれずにしっかりとしていて、しかも食感は軟らかい。モツァレラチーズの水分にアンチョビーのうま味が加わった濃厚なスープがしみ込み、ナスの味を引き立てていた。

世界には、日本人があまり知らない野菜がたくさんある。赤や黄色のカラフルなパプリカは今やふつうに見るが、細長いロングパプリカはどうだろう。真っ白で繊細な白ナスやずんぐりした形のオクラ「ダビデの星」、切ると赤い渦巻き状の模様があるビートの「ゴルゴ」――。激辛トウガラシのハバネロはそれなりに名前は知られていても、イメージは外国産だろう。

そんな珍しい野菜を栽培している生産者グループが「さいたまヨーロッパ野菜研究会」だ。イタリア料理店で試食したグラタンに使われていたのは、大ぶりの丸ナスの「フィレンツェ」。ここで「ヨーロッパ野菜」は野菜の厳密な分類ではなく、イタリア料理やフランス料理など欧州ではふつうに使われているのに、日本ではまだ定着していない野菜のことを指す。

さいたまヨーロッパ野菜研究会は、発足が二〇一三年。四人の農家と卸会社やレストラン、種苗会社が連携して作ったチームだ。事務局を務めるのは市の外郭団体。農産物の生産と加工、販売が緊密に結びついたこのチームは、六次産業化の最も目覚ましい成功例だ。

躍進の背景にはキーパーソンがいる。その一人が、さいたま市産業創造財団の福田裕子だ。中小企業に経営についてアドバイスするのが仕事で、地元の農産物を使って飲食店をサポートできないかと考えていた。ラグーナロトンダを運営するノースコーポレーションの社長で、前から知り合いだった北康信に相談すると、答えは「イタリア野菜を作ってほしい」だった。

日本のレストランが出すイタリア料理は現地の野菜が手に入りにくいため、似たような国産野菜で代替しているケースが少なくない。イタリアから輸入する手もあるが、種類が限られるうえ、たとえ輸入できても輸送の間に鮮度が落ちてしまう。そこで北は本場と同じメニューを実現しようと思い、国内で現地と同じイタリア野菜を調達できないかと考えていた。

ここには大胆な発想の飛躍がある。ふつうの地域興しなら「地元の隠れたおいしい野菜」の発掘などを考えそうなところだろう。だが、本格的なイタリア料理を目指す北の要望は、「地元にない野菜」を使うことだった。

北の提案を受け、福田はレストランと農家がともに参加するチームを作ることを思いついた。新しい野菜を農家が作り、レストランがメニューに取り入れるには、両者が直接連携することが不可欠と考えたからだ。

偶然だが、ここでもう一人貴重な役者が登場した。もともと日本にはないイタリア野菜を、日本向けにアレンジした種苗会社だ、

イタリア野菜を日本向けに改良してみたが

ヨーロッパ野菜研究会が発足する六年前。トキタ種苗（さいたま市）がイタリアに現地法人を設立した。日本特有の甘いミニトマトのタネをイタリアで販売することが目的だったが、同社はそこで新たなビジネスの芽をつかんだ。日本にない様々な野菜と出合ったのだ。

同社でヨーロッパ野菜の栽培指導を担当している福寿拓哉は「イタリア料理と言えば、ピザとパスタ。そんな事前のイメージが覆りました」とふり返る。「野菜をふんだんに鍋に入れ、食感がなくなるくらいまでじっくりゆでる。地元で取れるオリーブオイルやニンニクを入れて炒め、塩でシンプルに味付け。家庭ではそんな調理の仕方で野菜が食べられています」

日本にない野菜をたっぷり使う現地料理を知ったことは、種苗会社の品種開発意欲を大いに刺激した。人口も農家の数も減る日本で、ふつうのタネを売り続けることに限界を感じていたからだ。イタリアと日本の試験農場で、イタリアの品種を日本の気候と土壌に合うように改良した。

最初は既存のルートで売ってみた。農家にタネを売る小売店や農協向けの販売だ。だがいくらイタリアでふつうに使われている野菜でも、日本ではレストランも消費者も扱い方を知らない。最初はもの珍しさで買ってくれても、そのままでは需要は拡大しない。たいした値段が付かない

ことを知ると、農家は農協や小売店からタネを買うことに及び腰になっていった。
そんな状態がしばらく続いたころ、さいたま市産業創造財団の福田から連絡が入った。「イタリア野菜で地域を盛り上げようと思ってます」

「俺たち、役所のこと信頼してないから」

キックオフは二〇一三年一月。市内のホテルに農家を集め、ヨーロッパ野菜を使ってどんな料理を作れるのかを北が説明した。だが珍しい野菜を見て盛り上がるかと思いきや、一部の農家は浮かない表情を見せた。

「農家たちから言われたのは、『役所のこと信頼してないから』でした」。福田は、メンバーの農家と最初に接したときのことをこうふり返る。役所はいろいろ提案してくるが、時間をかけてねばり強く実現しようという姿勢に欠けている。農家たちはそんな不信感を抱いていたのだ。

そこで福田は、これまで飲食店を支援してきた経験をもとに、自分ができることから着手した。狙いは、農家が自ら卸などと交渉する力を身につけてもらうことだ。チームは農協などに販売を任せようとしていなかったが、その役割を財団が代行することもできない。販売条件の設定や商談の進め方、代金回収の方法、カタログの作り方などを、農家たちに丁寧に説明した。

とくに力を入れたのが、参加者が共通の言葉でコミュニケーションできるようにすることだ。例えば、農家は作物の量を「この畑でどれだけ取れるか」をもとに考え、卸や飲食店は「何キロ必要か」「何個要るか」という観点から考える。このズレは作る側と使う側の立場の違いを反映している。

そこで始めたのが年に二回、農家と卸が集まる会合だ。まず農家から「この野菜を四～五月の間は週に何キロずつ出荷したい」と出荷計画を示す。卸は「もう少し欲しい」「そんなに要らない」などと応じる。この会合は、農家が買う側の事情を考えながら栽培計画を作るきっかけになった。

一方、「要求のテンポが速過ぎる」という農家の困惑の解消にも努めた。飲食店や卸は「この野菜は駄目だったので、すぐ別の野菜で試してみたい」と考えがちだ。だが農家にしてみれば「その野菜ができるのは数週間後」となる。

このギャップを埋めるため、福田は卸の担当者と一緒に畑に行き、農作業を手伝ってみた。担当者が農業の現場を知ることで、農家が「間隔が短過ぎて対応できない」と戸惑うような要求は少なくなった。

参加した農家たちは新規就農ではなく、代々続く農家の出身だった。地方で農場の大規模化が進むなか、都市近郊で拡大が難しい自分たちは今まで通りのやり方では展望が開けないとの危機感がもともとあった。福田という信頼できるパートナーの登場が、彼らを新たな挑戦に導いた。

卸がリスクを負って野菜を全量買った

栽培を軌道に乗せるうえで貢献したのが、トキタ種苗だった。農家たちは栽培のプロなので、知らない野菜でもとりあえずタネをまいて育てることはできた。だが、作物がどんな形に実り、どんな大きさになったら出荷すべきなのかはわからない。写真と実物を見比べても、確証を持てなかった。

そこで、自ら品種改良に取り組んだトキタ種苗のスタッフのアドバイスが、農家にとって大きなサポートになった。福寿をはじめ複数のスタッフが何度も畑に足を運び、農家と話し合いながら栽培を安定させた。

これはトキタ種苗にとっても貴重な体験になった。これまでは農協や小売店に売るまでが仕事だった。だが、この取り組みで農家と接したことで、「この野菜よく売れてるよ」「この野菜のここを改良してほしい」といった声をじかに聞くことができた。タネを農家に売るのはこれまで通り小売店などの仕事だが、農家の生の意見は品種を開発するうえで重要な情報になった。

発足してしばらくすると、販路をどう増やすかが問題になってきた。中心メンバーの北は、自社のレストランでヨーロッパ野菜を積極的に使ってくれていた。ただ栽培量が増えたことで、野菜の売り先をもっとたくさん確保する必要が出てきた。

最初に販売を担当した地元の青果物卸はその役割を果たせなかった。そんなときに登場したのが、食品卸の関東食糧（埼玉県桶川市）だ。社長の臼田真一朗によると、「もともとイタリア野菜を扱いたいと思っていた」という。

臼田は配送網のなかにイタリア料理店やフランス料理店、ホテルなどがどれだけあるかを調べ、ヨーロッパ野菜を売り込みに行くよう社内で指示した。売り先はすぐに増え始めた。滑り出しは好調そうに見えた。だが臼田はあるとき、メンバーの農家が交流サイト（ＳＮＳ）で発信した言葉を知った。

「売り上げは初年度と比べて増えたが、まだまだ足りない。育てた野菜を販売できず、畑で傷んでいくのを見るのは農家にとって一番つらい」

「このままではまずい」。そう思った臼田は、社員に「畑で育ったヨーロッパ野菜を全部買ってこい」と指示した。だが同社の営業担当も、新たに扱い始めた野菜の名前を知らないという状況だった。売れ残りのリスクは農家から関東食糧へと移り、二年ほど利益が出ない状態が続いた。

中華料理店という意外な売り先

こういうとき一番大事なのは、多少の足踏みにトップがたじろがないことだ。同社は「地域の飲食店が繁盛するための手助けをすること」を経営目標に掲げている。ほかの地域にない野菜を作り始めた農家を支援することも、地元のレストランの発展に寄与することになると考え、営業担当を「うちの力が試されていると受け止めるべきだ」と鼓舞した。

活路は意外な方向から開けてきた。居酒屋だ。ちょうどそのころ、温めたソースを野菜につけて食べるイタリアの地方料理、バーニャカウダを居酒屋のメニューに取り入れることが流行っていた。その料理に使う野菜として、カラフルなヨーロッパ野菜の注文が増えたのだ。

居酒屋に続き、中華料理店を販路にすることにも成功した。地元の中華料理店のグループから「使ってみたい」という要望があったことを受け、都内の有名なシェフに頼んでレシピを作ってもらった。それをメニューに取り入れた地元の店がテレビで紹介され、利用が広まった。

臼田は「スタッフはみんな必死だった」と当時の苦労をふり返る。関東食糧は三年目からこのビジネスで利益が出るようになった。

その後、農家は十三人に増え、売り先は埼玉県内を中心に千二百軒を超えた。生鮮食品宅配大手のオイシックス・ラ・大地も取引先だ。

都市部ならではの産地づくり

農産物の生産や加工、販売を一体的に運営することを六次産業化と呼ぶ。ただ農家が自ら加工や販売に手を出すケースは、ノウハウ不足でうまくいかないことが少なくない。さいたまヨーロッパ野菜研究会は各分野のプロが結びつくことで、事業の拡大を可能にした。卸の関東食糧がチームに入っている点からすると、一つの流通の仕組みをつくったと見ることもできる。

さらに特筆すべきなのは、都市近郊で営む農業の可能性を示したことだ。生産者の一人はもともと小松菜を中心に栽培していたが、大産地と張り合ってこれまで通り営農を続けることは難しいのではないかと感じていた。大勢の従業員を雇い、広大なハウスで栽培する産地に価格面で対抗するのは困難だからだ。ただ都市近郊には、特色のあるレストランが多いという強みがある。この商機を現実のものにしてくれたのが、多様な欧州野菜だった。

地元のレストランを売り先として確保できた点も強みだ。ほかの産地が同様の野菜を作って売り込んできても、「地元産」をアピールすることで、レストランとの取引を維持する手がかりを得た。実際、かつてはマイナーな野菜だったズッキーニは、今や家庭の食卓で当たり前の食材になった。ケールを飲料に加工するのではなく、サラダで食べることもふつうになった。

その点で頼りになるのは、やはりトキタ種苗だ。ヨーロッパ野菜研究会が軌道に乗ったことで、同社が扱うイタリア野菜の種類は五十近くまで増えた。地方の産地がケールなどの栽培を増やす傍らで、ヨーロッパ野菜研究会のメンバーは次々に新しい野菜に挑戦することができる。しかも、それをまとめて提供できることは、当分の間、彼らの強みであり続ける。

そのことに関連して重要なのは、発足して間もない時期に「名人は目指さないようにしよう」と確認し合ったことだ。同じ品目を何十年も作り続け、飛び抜けた品質の農産物を作る農家と張り合うのは簡単ではないからだ。それを追求していては、品目の多様性を保てない。

では自分たちの武器は何か。自問するなかで出てきた答えが、安定だ。一人の農家なら欠品しかねない状況でも、何人かで補い合うことで、約束通り出荷しやすくなる。複数の農家が集まって卸や飲食店と結びつくことで生まれた「チーム力」こそ、ヨーロッパ野菜研究会の価値と言えるだろう。

人口減が続く日本で、食料の需要は量の面では縮小しかねない状況にある。だが、社会の成熟に伴い、多様な野菜を楽しみたいという質の面の需要はこれからも増え続ける。地元のレストランと連携しやすい都市農業の活路の一つはそこにある。それは、都市ならではの産地づくりと言ってもいい。

三　東京に集結する生産者たち

就農二年で有名店のサラダバー

話はこれから核心に入る。

日本の農業はアメリカやオーストラリアといった農業強国と比べ、農地が狭くて細切れであることが、弱点とされてきた。同じ品目をどれだけ効率的に安く作るかという観点から見れば、日本が劣後するハンディだ。だからこそ、北海道のように広大な畑で効率的に作りながら、なおかつ品質でも競争力を持つ経営の登場は、日本の農業にとって画期的な出来事と言っていい。

戦後農政で農業の目指すべき方向は、広大な田畑で作物を作ることのできる地方にゴールがあるとずっと思われてきた。マクロで見れば、そのこと自体は間違っていない。だがその結果、都市近郊の農業は注目を集めることが少なかった。さいたまヨーロッパ野菜研究会の登場はだからこそ大きな意義がある。そこで論点はより「中心部」へと移る。東京だ。

都市農業を評価すべきだという気運は、農政でも高まりつつある。その象徴として、二〇一五年四月に都市農業振興基本法が施行された。「地元産の新鮮な農作物の供給」「防災空間としての役割」「都市住民の農業への理解の醸成」などを都市農業の価値として掲げ、国と自治体はその保全のために努めるべきだと定めた。成長鈍化による都市開発の停滞も背景にあるが、「強い農業」とは別の価値を認めた点は画期的だ。

あらかじめ言っておくと、東京を舞台に農業を盛り上げようという動きは、国のこうした施策に先行する。東京の農地はずっと、宅地を造成し、商業施設を造るため、転用すべき対象とみなされてきた。その東京農業が十年ほど前に、新たなスタートを切った。当人たちが狙ったことではないが、多くの人たちが後に続いた。そして有力な外食チェーンが、「東京野菜」の可能性に着目した。

東京駅から歩いてすぐのところにある東京国際フォーラムの地下一階。グリル料理専門店「シズラー」に入ると、看板メニューのサラダバーを頼んだ人が、皿からこぼれそうになるほど野菜を盛りつけていた。

ミニトマトやパプリカ、レタス、ブロッコリーなど色とりどりの野菜が並ぶなか、ケールとオニオンスライスを入れたポットには生産者のロゴを書いたプレートが付けてあった。「東京NEO－FARMERS（ネオファーマーズ）！」。西多摩地区など東京で就農した若者たちのグループ名だ。

シズラーにタマネギを提供している加藤淑子は、二〇一八年に青梅市で就農した。実家は農家で、就農前は保育所で栄養士をしていた。二〇一七年に近所で開かれた田植えイベントに、担い手の育成を手がける東京都農業会議の松澤龍人が来ていて、「君は農業をやらないのか」と聞かれた。「来年就農します」と答えると、「じゃあ君もネオファーマーだな」。松澤はそう言うとその場で加藤の写真を撮り、グループのパンフレットに載せた。松澤のこのノリの良さがネオファーマーズの原動力なのだが、そのことは後述しよう。

予定通り翌年就農した加藤にとって課題になったのが、販路の開拓だった。農作業は父親と一緒にやるが、売り先は父が出荷している農協とは違うルートをつくろうと思った。そこで松澤に相談してネオファーマーズの懇親会に参加し、同じ青梅市で就農したメンバーと意気投合してマルシェを開くようになった。就農者のグループと言っても生産や販売をきっちり一緒にやるのではなく、場面に応じて緩やかに連携するのがネオファーマーズの特徴だ。

そこに新たな販路として登場したのがシズラーだ。同店を運営するアールアンドケーフードサービス（東京・世田谷）社長の上村浩二によると、「店舗に近い東京都内から、新鮮な野菜を仕入れたい」と考えたのが出発点。卸会社に相談しながら産地を回るうち、ネオファーマーズと出会った。二〇一九年四月にオープンした東京国際フォーラム店でまず扱い始めた。

新規就農者のグループなので、ベテラン農家と同じ品質のものを誰もが作れるわけではない。加藤も「まだ父には栽培技術でかないません」と話す。そんな若い農家たちにぴったりはまったのが、シズラーのサラダバーだった。

例えば定番メニューのステーキに添えるポテトのような食材は、常に一定の規格を満たす必要がある。これに対し、サラダバーは季節に応じて中身が変わる。カウンターに並べるたくさんの野菜のうち二、三品をネオファーマーズに発注し、量と質で要望に応えられるメンバーが納めるというやり方ができる。

オープン直後にシズラーが加藤に出したリクエストは「週にタマネギ四十キロ」で、本人によると「結構キツイ」。そこで約束を守るために生産量を計算して栽培し、計画的に出荷するよう努めた。サンプルを出してみて、審査で落ちることもある。だからこそ需要のある作物を作る方向へと腕を磨くための近道になる。加藤は「どんな案件でも振ってください」と前向きだ。

では、東京の若い新規就農者たちが集うネオファーマーズはどんな経緯で発足したのか。その歩みをたどってみることにしよう。

レジェンド夫婦が東京に現れた

どんな分野でも、時代を開くのは「とんがった人」たちなのだろう。

「パソコンはネットにつないでません」

東京都瑞穂町の農家、井垣貴洋と美穂の夫婦を訪ねたときのことだ。とても質素な部屋だがパソコンは一応あったので、ふだん何に使っているのかと聞くと、貴洋の答えは「確定申告の書類を書くためと、年賀状を作るためです」。続いて美穂が「年賀状は唯一の広告なので、力を入れて作ってます」

農協などに頼らず、独立して農業をやっている農家の多くは、ブログやSNSで情報発信している。なぜ二人は同じようにしないのかと聞くと、貴洋いわく「お客さんからは『ブログやったら』と言われますけど、パソコンって疲弊するので、いいかなあと思ってます」。そこでパソコンの使い道を重ねて聞いたときの答えが「ネットにつないでません」だった。

もともとどちらも福祉関係の仕事をしていたが、三十歳を前に貴洋が転職を考え始めたとき、真っ先に思い浮かんだのが、以前から憧れていた農業だった。そのことを美穂に話すと、「私もやる」と賛成してくれた。二人で就農することを決め、候補地に選んだのが東京だった。

ふつうなら、どこか農業が盛んな地方に行って田畑を探す。だが、貴洋が考えたのは、別のことだった。「産地に入ると収入は安定するかもしれないが、自由がきかなくなる。サラリーマンをやめて農業をやるのに、サラリーマン的な束縛は受けたくない」。東京で就農する若者が増えている今なら違和感なく聞こえるが、当時はまだ前例のない挑戦だった。

東京で就農しようと思った二人は、東京都農業会議で就農窓口をしている松澤龍人を訪ねた。

このときのやり取りを、松澤は次のようにふり返る。

「井垣さん夫婦は『どうしても東京で農業をやりたい』って言ったけど、ぼくは『ほかの県でやったほうがいいんじゃないの』って言ったんだ。そしたら元気をなくしたように見えたから、『落ち込むなよ』って言ったら、『じゃあ、やらせてください』と。これでこっちも応援するしかなくなった」

誰もやったことのない挑戦を後押しする以上、覚悟を見定めるためにいったん突き放して見せたのは、当然の対応だろう。松澤によると、「それまで東京都に新規就農はないという考えで行政をやってきた。研修制度が対象にしているのは、既存の農家の後継者」。農業をやりたいと思う人の多くは、地方や自然への憧れを持っており、都会の近くを選ぶのはそもそも異例。しかも東京にはもともと農地が少なく、余っている田畑はほとんどない。

だが、ちょうどそのころ、極めて流動性が低かった東京の農地に変化の兆しが見え始めていた。松澤のもとに高齢農家から「農地の借り手を見つけてほしい」といった声が届くようになっていたのだ。そこにタイミングよく登場したのが、井垣夫婦だった。「社会経験があって、夫婦ともしっかりしてるってのが売りだ。それを前面に出せ」。松澤はこう二人にはっぱをかけた。

こうして、都内で初の新規就農が実現した。二〇〇九年のことだ。

就農を希望する若者にとって、それまで東京はほとんど顧みられることのない土地だった。だが今ふり返れば、注目を集めてこなかったのは「前例がない」という理由からにすぎなかったことがわかる。井垣夫婦の就農をきっかけに、農業を志す若者が次々に松澤のもとを訪ねるようになった。

名付けて「東京ネオファーマーズ」

東京ネオファーマーズは、農家が意図して作ったグループではない。

井垣夫婦が就農した後も、松澤の姿勢は変わらなかった。就農を希望する人が訪ねてくると、最初は「難しいと思うよ」と諭す。たいてい相手は納得できない様子を見せる。口には出さなくても、「農家でもないのに、何がわかるんだ」と反発していることが表情に出る。そこで、農家の暮らしをじかに知ってもらうため、先に就農した人と酒でも飲むよう勧めるようになった。

「そうやって集まり始めたら、それを面白がって応援してくれる人が現れた。非農家出身で、農家に婿に入って農業をやっている人が来てくれたり、農業に関心のあるデザイナーが顔を出してくれたりするようになった」

いろいろなメンバーで集まるようになると、自然と「何か一緒にやってみよう」という雰囲気になる。仲間で直売を始めたり、マルシェに参加したりと、連携する機会が増えてきた。そうこうしているうち、「何か名前があったほうがいいんじゃないか」という話になり、デザイナーの江藤梢が「ネオファーマーズってどう」と提案した。緑の縦縞のシンボルデザインやロゴ、メンバーを紹介するリーフレットも江藤の手によるものだ。

ただし、地方にある生産者のグループと違い、東京ネオファーマーズは栽培の基準を統一したり、販売のルールを定めたりするようなかちっとした集まりではない。地域の田植えイベントに一緒に参加したりはするが、栽培と販売はそれぞれ独自にやっており、加藤淑子が力を入れているシズラーへの販売も全員の参加を前提にしたものではない。共通の活動は、一カ月に一回、東京都福生市の中華料理店で開く懇親会くらいだ。

このあたりの事情について、松澤は次のように語る。

「ネオファーマーズという名前は、『みんなで使っていい』ということにした。正式メンバーというのはないし、会則もない。そういうのを作ると、運営費を取る必要が出てきたりして、おかしなことになる。それでうまくいかなくなったケースを見てきたから、『自由にやろう』ということにした」

あえて緩やかな集まりにとどめていることは、ネオファーマーズにとって本質的な条件だ。束縛されたくないという思いを、彼らの多くが共通して抱いているからだ。それでも成り立つ点に、都市農業の特徴がある。

その緩やかな紐帯の結び目になっているのが松澤だ。月に一回の懇親会を長年続けているのも大変な努力だが、貢献はそれだけではない。たんに就農の相談に乗るだけでなく、自ら動いて農地や販路を就農者に紹介する。いわゆる「お役所仕事」とは全くの別物。就農者の多くは取材で「松澤さんに本当に感謝しています」と語った。そして今も、新たな希望者が彼のもとを訪れ続けている。

「辛い。まるでシシトウ地獄だよ」

都市農業の性格を知るため、ここで井垣夫婦の栽培方法について触れておこう。先に二人のことを「とんがった人」と形容したが、「ネットを使っていない」という暮らしぶりだけを指してそう言ったわけではない。むしろ、とんがった営農の一部としてそうした要素も含まれていると見たほうがいい。

一般に、農薬や化学肥料を使わない栽培方法を、有機農業と呼ぶ。井垣夫婦はそれだけでなく、肥料さえもほとんど使っていないのだ。

都内の就農第一号となった二人が決めたのは、「できるだけ自然でシンプルな、農的な暮らしをしよう」ということだった。目標の一つが、「野菜は自給する」。実際、二人は年間で数十種類の野菜を作り、一〇〇%自給している。

自分たちとその子どもたちが食べる野菜だから、安全・安心にはこだわりたい。そのために選んだ栽培方法が、農薬だけでなく肥料も使わない自然農法だった。顧客には、同じ思いを抱く若い夫婦がたくさんいる。

念のために言っておくと、自然農法だけが安全な野菜を作れると指摘するつもりはない。農薬や化学肥料を適正に使っている多くの農家を、否定することになりかねないからだ。日本で流通している農作物で、健康被害が起きることなどまずない。ただし、自然農法を選んだことを含め、二人が目指すシンプルな暮らしには象徴的な価値があると思っている。

顧客は口コミで増えていった。最初は大学の友人や前の職場の同僚たちに買ってもらった。宅配だけでなく、近くの顧客には自ら車で届けた。貴洋によると「ちゃんと生きてますという生存報告」のため。「顔の見える野菜」といった手垢のついたフレーズと比べ、就農時のぴりぴりした感覚が伝わる言葉だ。そのうち「おいしい」と評判が広がり、顧客が増えていった。

ちなみに、二人が作ったシシトウを軽く炒めて食べさせてくれたが、これがじつにおいしかった。ふつうのシシトウで感じる辛みがまったくない。だが、初めからこんな食べやすいシシトウを作れたわけではなかったという。顧客を畑に集めて交流会を開くと、最初のころの反応は「シシトウひどいよ。我慢して食べてる」「辛い。シシトウ地獄だ」などと散々だった。

どうやって、辛みのないシシトウを作れるようになったのか。答えはいたって単純。自分たちが作ったシシトウの中から辛みの少ないものを選び、タネをとってかけ合わせていったのだ。味が安定するようになったのは、七年目くらいからだという。シンプルだが、根気と時間の要る解決方法だ。それだけに、ほかが簡単にまねをすることはできない。

肥料をやらない自然農法が成り立つわけ

二人が選んだ自然農法について、もう少し説明を続けたい。

自然農法こそ最も重要な栽培方法だと主張する人たちがいる。彼らのなかには、有機農法さえ否定する人がいる。だが、一見すると、むしろ自然農法のほうが非科学的だ。光のエネルギーを使い、植物は水と二酸化炭素から炭水化物を合成する。農業はそれを、収穫という形で畑の外に運び出す。植物が根から吸った微量要素も一緒に持ち出す。それを続けていけば当然、畑は養分が減ってやせ細る。肥料なしで、畑を続けることはできないとふつうは思う。

二人が就農したとき、「もともと畑に入っていた肥料が残ってるから、三年は続くだろうが、その先は育たないよ」と言われた。この予想に対する貴洋の反論はこれまた単純だ。「でも実際、ここで十年やってます。毎年、土壌診断をしてますが、微量要素も含めて成分はほぼ一定です」。

育ちの悪い作物を細々と作っているわけではない。少人数の特定のファンが、ふつうなら買ってもらえない元気のない野菜を品質の良さとは別の理由で買ってくれているわけでもない。どの野菜に自信があるかを聞くと、貴洋は「全部」と即答した。

ではなぜ、肥料なしで作り続けることができるのか。その答えを考える手がかりの一つは、「畑に合った作物」を時間をかけて探していった点にある。現在、多くの農家はF1と呼ばれる農産物を作っている。種苗メーカーが開発したもので、生育が安定していたり、病気に強かったりする半面、かけ合わせると、形質が失われる一代限りの作物。だから農家は毎年、タネを買う。

これに対し、二人が育てているのは、昔からある在来種。F1と比べると栽培が難しい場合もあるが、農家が自家採種してタネを買わずに作り続けることができる。そこで二人は、畑と品種の相性を確かめることにした。その結果、生育の良かったものを選んでかけ合わせ、畑に品種をなじませた。

もう一つ工夫したのは、雑草をあまり刈らないようにしたことだ。これもふつうの農法を逸脱している。貴洋は「単一の作物にしないことで、いろんな虫や微生物が集まり、その死骸や根が土中に残る。それが分解されて、地力が維持されているのかもしれません」と語る。

連作障害は一般に、土のなかの環境が均一になることが引き金になる。二人の畑は雑草との共生をあるバランスのもとで実現した結果、環境の多様性を維持し、連作が可能になったのかもしれない。実際、栽培は続いている。

これらはすべて、「できるだけシンプルに農業をやりたい」という発想から出てきたものだ。化学肥料や有機肥料をやる農業を否定しているわけではない。だが、やらずにすむのなら、それを続けたいと二人は願っている。

東京で初めて新規就農した二人が、自然農法を選んだことは、必ずしも必然的な組み合わせではない。だが、その純化されたスタイルは、続く若者たちから「レジェンド」と呼ばれるようになった。自然農法とまではいかないが、彼らの多くは農薬を使わない有機農業を目指している。

二人の登場から十年のときを経て、東京ネオファーマーズのメンバーは四十人を超えた。就農場所は瑞穂町や青梅市のほか、あきる野市、八王子市、武蔵村山市、町田市、日の出町など多くの自治体に広がっている。驚くべきことに、脱落者はほとんどいない。

メガファームのない都市の価値

非農家で新たに就農する若者のなかには、有機農業を選ぶ人がたくさんいる。彼らにとって、「農業を始めること」と「農薬を使わないこと」の組み合わせはごく自然なことで、とくに深刻な選択だったわけではない。

科学的な見地に立てば、農薬の使用に関する規制は格段に厳しくなっており、適正に使えば害はない。だからと言って、彼らが有機農業に価値を置いていることを「非科学的」と批判すべきではないだろう。彼らにとってそれは、「できるだけ自然でありたい」という生き方そのものなのだ。

彼らの特徴の一つに、自分と違う営農をしている人を批判しないという点がある。かつては違った。一九七〇年代に始まった有機農業運動は、大量生産と大量消費による流通システムへのアンチテーゼという性格を色濃く持っていた。立ち向かうべきものの象徴は企業だった。

有機農産物販売の草分け的存在、大地を守る会（現オイシックス・ラ・大地）は一九七七年に株式会社になったとき、関係者から猛烈な反発を受けた。市民運動の側面が強かった有機農産物の販売組織が、株式会社になるのは「裏切り」と映ったのだ。農家や消費者が株主になり、資金調達する仕組みは民主的と考えての措置だったが、それを受け入れられないムードが当時はあった。野菜の宅配を始めたときも、「消費者を甘やかすな」という批判が出た。

四十年余りのときが過ぎ、有機農業の運動論的な色彩はかなり薄まった。欧米ほど広まっていないが、日本でもそれなりに認知度が高まって特別な存在ではなくなり、世の中との間の緊張関係も和らいだ。防虫ネットや太陽熱マルチなど、有機農業の作業負担を軽くしてくれる技術が増えてきたこともある。そういった様々な要因が重なったためだろう、東京ネオファーマーズのメンバーと有機農業のことを話していても、肩に力の入った様子はない。

では彼らの登場は、どんな意味を持っているのか。起業家的な農業により高い価値を認め、その成長可能性に注目する人は、東京ネオファーマーズのような都市農業の発展の限界を指摘するかもしれない。都市近郊でも離農が進んでいるとはいえ、地方のようにメガファームになることはまず不可能だ。既存の農家と一線を画すような規模になることはないだろう。

そのことと関連するが、多くの経営が小規模にとどまる都市近郊農業が、日本の食料生産基盤として大きな存在感を示すこともない。食料を大量に安定的に供給するには、北海道に象徴されるような広大で効率的な農地が必要だ。そういった場所では今後、スマート農業を含めて様々なイノベーションが起こり、これまでの農業の常識を突破していくだろう。

それは確かに農業の希望だが、農業にはもっと多様な価値がある。二〇一五年に施行された都市農業振興基本法でとくに注目したいのが、「都市住民の農業への理解の醸成」だ。

世の中が驚くビッグビジネスにならなくても、安定して充実した農業ライフを楽しむことはできる。そのことを通し、農業は社会にとって身近な存在になる。一九七七年に七百二十二万人いた農業就業人口は、四十年後の二〇一七年には百八十一万人にまで減った。かつては身近な誰かをたどれば、どこかに農家がいた。都会に住んでいても、実家や親戚が農家だったりした。だが今、都市と農業はかつて経験したことのない分断状況に置かれている。

都会の生活との決別といった重大な決断をしなくても、人びとは農業に関わることができる。それが都市農業の価値であり、東京ネオファーマーズをはじめとした新規就農者たちは、望めばそれが可能であることを示している。

それは彼らが望んだことと言うより、高度成長やバブルの宴とその崩壊を経験し、高齢化が進む日本が選んだ社会の姿なのではないだろうか。

そこで改めて考えるべきなのが、都市農業の持続可能性だ。

子どもの進学準備をすませて就農した

ここでもう一度、東京ネオファーマーズの第一号となった井垣貴洋と美穂にご登場願おう。夫婦には二人の子どもがいる。二〇一八年十二月に取材した時点で、上の女の子が八歳で、下の男の子が四歳。このときの取材では、営農のこと以外にあえて突っ込んだ質問をした。今は子どもが小さいので、生活は成り立っているかもしれない。だが、いずれ子どもたちが大きくなり、学費が必要になったとき、今の営農スタイルで対応できるのだろうか。

この質問に美穂がまず答えた。

「東京で就農した理由の一つがそれです。もし地方で農業をやっていたら、子どもが進学するとき、子どもだけ上京させることになるかもしれません。でもここなら、とりあえず電車代だけですみます。子どもが産まれる前から、そのことは考えていました」

子どもがどうしても地方の大学に行きたいと言ったら、話は別だが、東京近郊で進学するのなら、世帯を分ける必要はない。しかも、子どもの将来に向けた二人の準備はさらに徹底していた。

「二人とも正社員だったので、退職金が出ました。それを使ってしまわないうちに、将来の学費にするため、全額学資保険に充てました」

「恐れ入りました」と言うしかない。会社に勤めようが、フリーの道を選ぼうが、なかなか二人のように定めた目標を貫き通せるものではない。しかも、土壌診断や学資保険でわかるように、何が可能で何が必要かを冷静に考え、実行する努力も怠っていない。サラリーマン生活が嫌になって、「隣の芝は青く見える」式の発想で、何となく就農したわけではけしてない。

カラフルな絨毯のような畑を作りたい

都市近郊で就農した人たちの持続可能性を考えるうえで、井垣夫婦の周到な準備を紹介したが、言うまでもなく、一番大事なのは農業への情熱だ。

東京ネオファーマーズの一人、田口明香は二〇一三年に東京都農業会議の松澤龍人を訪ね、三年後に就農した。中学生のころから農業に憧れ、東京農業大学に進み、卒業後は有機農家のもとで研修し、国際農業者交流協会で働いた。ずっと農業に関わり、念願かなって就農した。

その経歴が示すように、取材で彼女は、農業への熱い思いを訴え続けた。「農業をやってうれしかったことは」と聞くと、しばらく考えたあと、次々に言葉が口をついて出た。「ずっとやりたかったことが、今できていること。雑草を抜いているときも、農家になれたんだという思いがこみ上げてくる。畑の近くを歩いている人と、仲良くなれた。お客さんから、おいしいと言ってもらえた。自分の知らない野菜の料理方法を教えてもらえた」。

一方、「つらかったことは」と聞くと、答えは、農作業を我慢しなければならない時期があったことだった。就農一年目に妊娠した。それ自体はもちろんハッピーなことだ。「軽い農作業にとどめよう」と決め、重いものを持つのをやめ、体に振動が伝わる耕運機を使わないようにした。だが、いつの間にか疲労がたまっていたのだろう。体調を崩して一時、入院した。

男の子が産まれたのは、二〇一七年五月。出産後はしばらく農作業を控えていたが、再開してみると「ちょっと頑張って、翌日はダウン」ということをくり返した。思うように作業が進まず、焦りも募った。取材に応じてくれたときは、それから一年たち、作業のペースをつかみつつあった。「時間の管理の仕方はまだ上手ではありませんが、体はもうだいぶよくなりました」。畑に出ることができるようになった喜びをかみしめながら、そう語った。

栽培方法は、農薬や化学肥料を使わない有機農法。栽培しているのは、スイスチャードやルッコラ、ビーツなどの西洋野菜や、江戸野菜などちょっと珍しい品目だ。ではこの先、どんな営農を目指すのだろう。品目の拡充や栽培技術の向上といった答えを予想していたら、意外な答えが返ってきた。「絵の具で描いたような、彩り豊かな畑を作りたい」。ドイツの研修先で、「カラフルな絨毯みたいな畑を見て感動したこと」が、野菜づくりの原点にあるという。

このあとで「おいしい野菜を作るのは当然です」とつけ加えたが、真っ先に「彩り豊かな畑」という言葉が口をついて出たことは、とても印象的だった。理想とする農業の世界が視覚的なのは、自分がいま野菜に囲まれていて、農業をしていることへの幸福感に包まれているからだろう。

英語が営農の武器になった

都市近郊農業が持続可能性を持つには、農業への情熱が大事だと先に書いた。言わずもがなのことをあえて指摘したのは、地方で大規模にやる農業と違い、ふつうは売り上げが少なく、効率も低いからだ。収益性が低くても続けるには本人のやる気が必要だが、併せて重要なのは家族の理解だ。

田口が妊娠中に体調を崩し、入院しても農業を続けることができたのは、家族の支えがあったからだ。出産前は両親や夫に「こういうふうに作業して」と書いた紙を渡し、畑を手伝ってもらった。復帰したあとは、夫が子どもを保育所に朝送ってくれるなど、育児を分担してくれるようになった。

もう一人、東京ネオファーマーズの女性のメンバーを紹介しておこう。デュラント安都江は二〇一八年春に瑞穂町で就農した。姓が英語なのは、夫がオーストラリア出身だからだ。

ストレートに農業を目指した田口と違い、彼女は様々な仕事を経験しながら、ゆっくりと農業にたどり着いた。大学を出て大手小売りチェーンで働いたあと、二十代半ばにワーキングホリデーでイギリスに渡った。外の世界を見て「人生楽しい」と感じ、英語でコミュニケーションする喜びを知った。このことが、やがて彼女の営農の形に結びつくことになる。

帰国すると、英語力を活かして貿易会社に就職した。そこでお金を貯め、次はフランスに渡って、「WWOOF（ウーフ）」に参加した。有機農業を手がける農家などと一緒に生活し、農作業を手伝う活動だ。ただし、行った先は農家ではなく、スペインとの国境にある木こりの家だったが、そこでのんびりした田舎の生活を知り、「わたし農業できるかも」と思い始めた。

帰国したあとも、日本でウーフの活動に参加し、自分と同い年の女性の農家を訪れた。二十代半ばに一人で山梨で就農し、テレビで紹介されるなど、それなりに有名な人だった。ところが会ってみると、相手が語った言葉は「十年農業やってきたけど、疲れたのでもうやめます。結婚して、うどん屋のおかみとして生きていきます」。すでに離農を決めていた。

ここで、「それなら自分も農業をやってみよう」と思ったことが、彼女のユニークなところだ。「十年たって疲れたら、やめてもいい。もしやめても、自分には英語がある」。言うまでもなく、いずれやめるつもりで農業の世界に飛び込んだわけではない。ただ、「退路を断って悲壮な覚悟で」といったノリで、自分を追い込んだりしないことで、心理的なハードルが下がった。

こういう就農の動機を「甘い」と感じる農家がいるかもしれないが、ふつうの職業選択なら、転職を認めない「決死の覚悟」のほうが珍しい。というより、そもそも多くの農家が田畑を人に貸すという形で、農作業から撤退している。

ではなぜ、東京を就農先に選んだのか。答えは、英語の先生をしている夫のことを考えたからだ。英会話教室で働くには、子どもの教育にお金をかける親が多い都会に近いほうが有利。いったん国分寺市で援農ボランティアなどをやったあと、瑞穂町で就農した。こうして夫の仕事との両立を実現した。

瑞穂町を選んだことは、結果的に彼女の強みを活かすことにもなった。目の前に、米軍の横田基地があったからだ。フェイスブックやインスタグラムに「横田基地の近くで畑をやってます」と英語で書き込んでいるうち、基地で働く軍人の奥さんなどが畑を訪ねて来るようになった。

彼女たちの悩みは「無農薬で作った新鮮な野菜がない」ということだった。そんなニーズに、デュラントの野菜が応えた。彼女たちが欲しがったのは、紫色のジャガイモなど、日本人がちょっと手を出さないカラフルな野菜や、メキシコ料理に使うハラペーニョなどだった。ほかの新規就農者とは違う、独自路線が見えてきた。瑞穂町だからこそ、見つかった販路だった。

田口明香とデュラント安都江を取材したのは、東京ネオファーマーズのメンバーをひとくくりにせず、東京で就農した若者たちの歩みを個別に理解したいと思ったからだった。だが二人の取材を通して、当初は念頭になかった論点が見えてきた。二人とも農作業をやるのは基本自分で、夫はそれぞれ別の仕事を持っている。家計全体で見れば、どちらも兼業農家なのだ。

農業収入の目標五百万円の意味

新しい兼業農家が生まれつつあるというのが、本章の結論だ。

そのことをもう少し考えるため、瑞穂町で就農した東京ネオファーマーズのメンバーをもう一人取材した。井上祐輔は、取材した時点で就農からすでに七年。新規就農という言葉はすでにふさわしくないくらい、農家としてのキャリアを持つ。高校を卒業して車の修理会社に勤めたが、農業をやりたくて会社をやめ、農業学校で有機栽培を学び、農家での研修を経て就農した。妻は幼稚園で管理栄養士の仕事をしているので、家計はダブルインカムだ。

就農以来、しばらくは借家に住んでいたが、二〇一七年に瑞穂町に家を建てた。この町でずっと農業をやっていくと決めたからだ。家を建てたことで、営農と生活の両面で環境が変わった。新規就農に共通していることだが、家を建てた瞬間、周囲の見る目が変わる。賃貸だと「いつ町を出て行くかわからない」という目で見られるが、家を持つと「地域の一員」として見てくれるようになる。その結果、より条件のいい農地を借りることができるようになる。農業が地域産業であることに伴う、必然的な環境の変化だ。

もともと井上は、借家に住んで農業をやっていたときから、自治会など地域の活動に参加していた。積極的に交流する努力は、販売面でもプラスに働く。東京で就農したのは、売り先を自分で開拓できる余地があると思ったからだった。地方での就農も考えたが、自分で作りたい野菜を作り、売り先を確保するには消費地から遠過ぎた。自分で売ることができないなら、選択肢は限られる。産地の構成メンバーの一員になり、何をどう作ってどこに売るかを周囲の決定に委ねる。それは、脱サラしてまでやりたい農業ではなかった。

消費地が目の前にある瑞穂町を選んだのはそのためだが、黙っていて売り先が見つかるわけではない。売り先にはレストランが何軒かあるが、それを可能にしたのは「紹介の連鎖」だった。出荷先の紹介で、別のレストランに納めることができるようになる。たまたま入ったレストランで世間話をしていて、「じゃあ、うちに出しなよ」と言ってくれたこともある。

ではそれで生活が成り立ち、将来を展望できているのだろうか。「できる範囲で農業を続けることができればいいと思ってます。一定の収入があり、ちゃんと生活できて貯金もできて、家族を養えればいい。今のところ、それが無理とは思ってません」。妻が仕事を持っていて、収入が安定している面はあるが、この言葉の背景にある価値観をもう少し深掘りすべきだと思った。

「もし農業で年収一千万円を目指していて、現実が三百万円なら、『何やってるんだ』と思ってがっくりするでしょう。でも目標が五百万円で、差が二百万円なら、何とかなると思えます」

この目標をどう見るかは、人によって判断が分かれるだろう。だが夫婦共働きで、片方の年収と考えれば、極端に少ない数字とは言えないのではないか。「同世代の友達を見ていても、年収三百万円はふつうです。農業が特別もうからないとは思えません」

取材時点で、井上は三十代前半。同世代には、ケタの違う収入を手にしている人もいるだろう。だが肝心なのは、農業を仕事にしたいと思い、実際にやってみて、「自分のできる範囲で続けることができればいい」と自然体で言えることだ。取材では「誰かに何かを強制されることなく、好き勝手にやってます」と話したが、もちろん「いい加減にやってる」という意味ではない。

メーンの作物はニンジン。作っていて苦にならない、「テンションが上がる好きな野菜」と言う。大量に効率的に出荷できるようにするため、洗果機を導入した。「手で洗って出荷していたときは、五十袋でも大変でしたが、洗果機を入れたことで、二百袋でも楽にこなせるようになりました」。効率性を突き詰めるのは難しいが、非効率を容認しているわけでもないのだ。

バブル崩壊で追いつめられた兼業システム

同世代を大きく上回る収入は目指していないと書いたことで、誤解を招いたかもしれないが、農業を続けていくため、収入を増やそうとはしている。そこで将来の目標を聞くと、こんな答えが返ってきた。「新規で就農して頑張ってるが、あいつ稼げてるのって疑われる状態から、頑張って農業やって、ちゃんと生活できてるんだからすごいねって言われるようになりたい」

ただし、こう言い切るには必須の条件がある。家族の理解だ。井上の場合、農家になりたいと思ったのと同じ時期に妻と知り合い、就農が決まったタイミングで結婚した。夫婦で専業農家になった井垣美穂も「家族の理解が絶対に必要」と話していた。

彼らが農業を続けることができているのは、経済合理性だけでは割り切れない、家族の相互理解や暮らしの充実といったものが密接に絡んでいる。彼らが今も営農を続け、生活が現実に成り立っていることを踏まえて言えば、それはたんなる経済的な価値よりも大事なものだと思う。

東京ネオファーマーズのメンバーが瑞穂町に集中しているため、取材で何度も足を運んだ。そのたびに感動したのは、空の広さだ。透き通るような青空の下で、彼らにインタビューしていると、別の新規就農者が軽トラで通りかかったりする。笑顔であいさつを交わす彼らの姿を見ていると、とても大切なものがここにはあるとしみじみ感じる。地方で大規模に企業的にやる農業とは別に、都市近郊で新しい形の農業も可能なのだと思えてくる。

それは新しい形の兼業農家なのだと思う。

戦前から一貫して、日本の農家のほとんどを兼業農家が占めてきた。その数は一九七六年の四百二十三万戸に対し、二〇一七年は八十一万戸と、五分の一に激減した。その間、専業農家も六十五万戸から三十八万戸に減ったが、構造変化をより直接的に映しているのは、兼業農家の動向だろう。

兼業農家が減った理由はいくつかあるが、最も大きな理由は農業そのものの収益性の低さだ。会社の給料などがあるので、収支トントンか赤字でもとりあえずやれるが、永続性のあるモデルではない。なかには「長男だから継がざるを得ない」などの理由でしぶしぶ農家になった人もおり、その子どもや孫の代になると、家業を継ぐべきだという意識はどんどん低下する。

彼らがいい加減な気持ちで農業をやってきたとは言うまい。ただ、会社や工場での仕事と二足のわらじでは、効率を良くして収益性を高めるには限度がある。それでも続けざるを得ないから、つい「農業はもうからない」「息子には継がせられない」といった愚痴が出る。そういう環境で育った子どもたちが、長じて農家になろうとしないのはやむを得ないことだろう。

追い打ちをかけたのが、一九八〇年代以降の日本の産業構造の変化だ。八五年のプラザ合意後の円高で、工場の海外移転が進み、地方で兼業するチャンスが減少した。九〇年代のバブル崩壊後は企業倒産や金融機関の店舗の統廃合が進み、兼業の仕組みを根底から揺さぶった。

新しい兼業農家の時代へ

ところが、日本の農業の構造が、高齢農家の大量リタイアによる危機と背中合わせで激変するなかで、新たな兼業スポットが現れた。それが都市近郊だ。もともと都市近郊は、農地を転用してマンションを建てるという独特な形で、兼業化が進んだ地域だった。転用への期待が高いので、農地の流動化は進みにくかったが、人口減と経済の低迷で転用のチャンスが減り、後継者のいない農地が宙に浮いた。ときを同じくして、都市近郊で就農を希望する若者たちが登場した。

東京ネオファーマーズの生みの親であり、支援を続けている松澤龍人は、なぜ東京で新規就農が成り立つのかについて、次のように語る。

「まず東京は全国で一番、田舎から人を受け入れてきたから、よそから人が入ってくることに抵抗感がない。もし田舎で若者が農地に入ったら、『あんた誰だ』『まず農協に入れ』ってことになるかもしれない」

「住宅を見つけるメドも立ちやすい。一軒家がなかったり、作業場を確保しにくいっていう問題はあるけど、田舎で就農するのと違い、『住む場所をどうするか』はさほど問題にならない」

「大消費地が目の前にあるから、農産物の売り方が多様で、最初の年からある程度の売り上げを見込めるという利点もある。地方だと、産地の一員として同じ作物を作ることが求められる。それに比べると、東京は自由。もし困ったら、アルバイトもできる」

「長年やってて思うが、暮らしを大きくは変えたくないという思いもあるようだ。もし、彼らが田舎で就農すれば、すべて変わる。周りに知り合いがいない。どういう場所かわからない。東京ではそういうことがない」

そして、そういう若者たちの就農を可能にしているのが、新しい兼業農家の仕組みなのだ。夫婦のうち、どちらかが農業に情熱を抱き、パートナーがそれに理解を示し、都市近郊で共働きをする。「農業はもうからない」と嘆きながら、しかたなく続ける農業ではない。とてもポジティブに農業のことを考え、希望を持って就農する。ただし、その希望の多くは、人がうらやむような豊かな暮らしを実現することでは必ずしもない。もっと大切な何かだ。

農業の世界で革命的なことが起きつつあると言うと、大げさだろうか。各地で登場しているベンチャー的な農業者は、これから日本の農業を新たなステージへと導いていくだろう。だが、新時代の兼業農家の登場は、それと同じくらい意義がある。日本の社会のありように関係する大きな変化だ。

この変化が、「きずな」という言葉が流行った東日本大震災をきっかけに始まったのかどうかはわからない。おそらくは、一九九〇年代のバブル崩壊で社会に蔓延した閉塞感が、二〇〇〇年代初頭のITバブル崩壊、二〇〇八年のリーマン・ショック、そして震災へと続く、ゆっくりとした時間の流れのなかで、よりポジティブな価値観へと昇華していったのだろう。その大きな潮流に、都市近郊で登場した兼業農家たちもいるように思う。

これは、平成という時代が我々に残してくれた、最も大きな財産の一つと言っていい。なぜ農業が必要なのか。食料を安定的に国民に供給するためだ。もちろんそうなのだが、そんな大きな話はいったん脇に置こう。農業とともにある暮らしに、ささやかな幸せを感じる若者たちがいる。その営農が、パートナーの収入と支え合う形であってもいっこうに構わない。都市近郊だから、それは可能になる。なぜ専業農家でなければならないのか。

農業に関する議論は、農業の収益性の低さゆえに、政策による後押しの是非を問うことを避けて通れない。税金の投入がある以上、「誰を支援すべきか」が論点にならざるを得ず、その条件として広い意味で「効率性」が浮上する。その点を曖昧にしたまま、補助金をばらまくのは戒めるべきだ。その主張自体は間違ってはいない。

だが、補助金で支えるべき対象の外側にも、農業の大切な価値がある。本書はこの先、もっと

「小さな話」に論点を移そうと思う。戦後の農業と農政はずっと、既存の農家のことを中心に語られてきたが、そうした農家は今や社会の少数派になった。

だからこそ、言いたい。農を国民の手に取りもどそう。

第五章

農をその手に取りもどせ

「くにたち　はたけんぼ」の忍者イベント

一　脱サラの生きがい農家たち

農業が天命と言える幸せ

企業的な経営手法を取り入れ、躍進している生産者は「生きがい農業」という言葉に抵抗を感じるかもしれない。頻発する天候不順で深刻な影響を受け、自分ではどうにもならない相場に左右されることも増えてきた。楽しんでできるほど、農業は甘くないと感じている経営者が多いだろう。それでも最終章はあえて、人が農業に向き合うことの喜びを考えたい。

日本の農業の未来はけして楽観的な状況にはなく、事態を突破するための手がかりは多様性のなかにしかない。ただし、様々な処方箋の底にある共通項は農業への思いであるべきだ。農業の特殊性を強調したいからではなく、情熱なくして未来は開けないと考えるからだ。

二〇一九年一月、透き通るような晴天に恵まれた週末に神奈川県秦野市の農村を訪れた。向かった先は、ブルーベリーや野菜を栽培している伊藤隆弘だ。十五年前、四十五歳のときに脱サラし、ここで就農した。

「大げさな言い方をすれば、天命だと思って農業の世界に入りました」

伊藤は就農した当時の気持ちをこうふり返る。

就農する前は、三菱電機でコンピューターエンジニアの仕事をしていた。二十年以上にわたり、ＩＴ関係の研究開発を担当していた伊藤が農業に挑戦した理由は大きく分けて二つある。

一つは、それまでやってきた仕事に疑問を感じたことだ。「ＩＴ分野で新しくて便利なものを作ってきましたが、人間はそういうものを作り過ぎているんじゃないかと思うようになりました。これ以上便利なものが、生活のなかで必要なのかと考えるようになったんです」

研究が嫌になったわけではない。「科学技術は趣味としてやるなら、どんどん入り込める。一生続けても面白い」。ただ、生涯をかける仕事にできるかというと、疑問を持つようになった。「生活が安定し、ストレスなく一日を過ごすことを目指してみんなやってますが、そのことに科学技術は貢献できるだろうか。そうではないと、思うようになったんです」

もう一つは、三十代のころから子どもの弁当を作るようになり、食への関心が高まったことだ。「食べることって大事だと考えるようになりました。安心な野菜をどこで買ったらいいのか。野菜はどうやって作られているのか。そういうことに興味を持つようになりました」

四十五歳で会社を辞めて退路を断った

もともと家庭菜園はやっていた。だが、スーパーに並んでいるような見事なトマトやキュウリはできたことがなかった。そこでプロの農家による農業の現場を知るため、神奈川県の野菜の一大産地である三浦市の農家を週末に飛び込みで訪ね、農作業を手伝わせてもらうようになった。

その結果、農業がとても大切な仕事をしているということを実感できた。だが一方で、毎日朝早くから畑に出て収穫し、夜遅くまで調整作業などをしていることもわかった。「それに比べ、自分は机の上でアプリを作り、ある時刻になったら退社する。それで安定した給料をもらうことができている」

そういう農業を変えたいとの思いが就農の動機になった。「今から思えばうぬぼれでしたが、何とかしないといけないと思ったんです」。安定収入を失うことへの不安はあったが、もっと大きなプレッシャーになったのが自分の年齢だった。「これ以上先送りしたら、体がついていかないんじゃないか」。そう思い、四十五歳のときに会社を辞め、退路を断った。

プロになって痛感したのが、栽培の難しさだった。「最初の三年間は全滅した野菜のほうが多かった」。ミニトマトが病気にかかり、キャベツが虫にやられて出荷できなくなった。新規就農者の多くが経験する失敗だ。複数の品目を作るなどしてリスク分散し、五年目にようやく黒字になった。

販路に関しては農協が頼りになった。自分で市場で売ろうと思えば、大きさや形のそろった作物をたくさん出荷する必要がある。その点、近くの農協が直売所を開放しているので、作物の大きさや出来具合に応じて自分で値段をつけて売ることができた。就農者の多くが最初に通る道だ。

元エンジニアが語るマニュアル化の限界

就農から十五年で、当初から掲げていた目標の一部は実現することができた。観光農園だ。伊藤はたんに作物を作って売るだけではなく、収穫という体験も含めた「こと」を提供するのを目指してきた。その結果、ブルーベリー園には毎年千人を超す消費者が訪れる。トマトやナス、キュウリなど野菜の収穫体験にも七百～八百人が参加するようになった。

この際、心がけたのが「整然としてきれいなプロの農家の畑」を見せることだった。雑草をきちんと刈り、清潔にし、野菜を商品として扱う。利用者主導の体験農園ではない。

「元気な野菜はどんな環境で育てられ、消費者のもとに届けられているのか。それがいかに大変か。本来、一個百～二百円で買えるような手軽なものではないことを、理解してほしい」。これは伊藤が就農前、飛び込みで畑を手伝っていたときに感じたことだ。その思いはいまも変わっていない。

「農業の技術はマニュアルに書くことはできない。日々の暮らしと経験のなかで積み上げたもの。本当に素晴らしいし、そこに歴史を感じます」

作業体系を「見える化」したり、先端技術を使ったりすることを否定しているわけではない。だが、それでも変わることのない「農業らしさ」が核心にある。「畑は工場と違い、これが最適と言える方法を絞り込むのが難しい。朝礼で予定を決めても、予定通りいけばラッキーというのが実感です」。これは二十数年にわたってエンジニアの仕事をしてきた経験にもとづく結論だ。

そこでたどり着いた答えは、人が育つ以外に方法はないということだ。いま伊藤さんの畑で作業しているのは妻と、二十代の女性社員、それにパートだ。「雑草の取り方一つとっても、効率的と思うやり方は人によって違う。それを認めたうえで、どれが一番いいか自分で考えてもらうしかない」。任せることが、畑を回すための出発点になると思っているのだ。

最後に、改めて農業への思いを聞いてみた。「農業のモデルを作ると意気込んで始めましたが、まだそんなものは見つかっていません」。それでも「農業は天命」という思いは、以前にも増して強まったという。モデルとなるべき農業の姿を実現し、次代に託すのが伊藤の夢だ。

未来の農業は必ずしも、企業的な大規模経営だけに限定されるわけではない。海外の巨大農場の先端技術を紹介し、同じことをしなければ日本の農業は滅ぶといった主張もあるが、農業はそんなスケールの小さいものではないはずだ。それなりの大きさでもやりがいを日々実感し、しかも生活が成り立つ。そういう農業のかたちを、けして諦めるべきではない。

転勤族からイチゴ農家に転進

福岡県糸島市で二〇一五年にイチゴを作り始めた平田謙次は就農する前、いわゆる「転勤族」だった。「銀行に勤めていたときは二、三年ごとに転勤になりました。子どもが学校に慣れたと思ったら、また転勤のくり返し。これからは、ずっと糸島にいようと思います」。晴れ晴れとした表情でそう語る。

「先進的」と言われるような経営者を紹介するのが本章の目的ではない。農業を中心とする昔ながらの暮らしが充実したとき、おそらくは普遍的に持つはずの価値がテーマだ。例えば、平田は就農前に八十代の老夫婦のもとで栽培を学んだとき、こう言われたという。「この年まで農業をやってきて思うけど、世界旅行に行くより、イチゴを作っていたいよ」。「ずしっと響きました」。平田の感想だ。

十三年間勤めた銀行を辞めたのが二〇一四年。銀行では法人向け融資を担当していた。様々な経営者に会うなかで、自分でも事業をやりたいという気持ちが高まった。「彼らはサラリーマンとは全然違う。責任が重くて厳しいけど、やりがいのある世界に生きているんです」

脱サラする際に農業を選んだ理由の一つに、実家が兼業農家で農業が身近な存在だったということがある。ただし、作っているのはコメと野菜。ではなぜイチゴを選んだのか。その点に関し、妻の浩子は「子どもを連れてよくイチゴ狩りに行きました。人に喜ばれる仕事だと思ったんです」と話す。

作物が決まれば、次はどこで就農するかだ。西日本でイチゴの一大産地と言えば、「あまおう」で全国的に知られる福岡だろう。まず五十人ほどのイチゴ農家を飛び込みで訪ね歩き、仕事について聞いてみた。さらりと話すが、それだけの数の農家を訪ねるのは相当根気の要る作業だ。

自分のプロフィールと併せ、「農地を探してます」と書いた紙を配って歩くうち、糸島市の農業委員会から「小学校の横に空き地があるよ」と紹介され、そこを借りることができた。二人には八歳と五歳の息子がおり、上の子は隣の小学校に入ることになった。次に車で一、二分の場所に下の子を入れる保育所を見つけると、なんと小道を挟んだ目の前にイチゴハウスがあった。「農地を探してます」。イチゴ農家にあいさつに行くと、ハウスの隣の土地が空いていた。そこが若い夫婦の新天地になった。二〇一五年八月にイチゴハウスを建て始めた。基礎の柱を打つのは業者に頼んだが、パイプを組んだり、ビニールを張ったりする作業は夫婦で協力してやった。

初めての一粒を家族で四等分

初の収穫は十一月。赤くなったイチゴを一粒、家の台所できれいな皿に載せ、四等分した。「これが初めてできたイチゴだよ」。写真に撮り、つま楊枝を使って子どもと一緒に食べた。転勤をくり返した銀行マン時代、平田は家族と晩ご飯をともにしたことはなかったという。

もちろん、農家の仕事が楽なわけではない。農繁期には、平田は朝六時過ぎに起きてハウスで収穫し、午前中に家に戻って専用の大型冷蔵庫に入れ、イチゴのパック詰めを始める。昼過ぎには農協に出荷し、再び家に戻って苗の手入れをし、翌日の未明までパック詰めが続く。

浩子は朝七時に子どもたちを起こし、朝食を食べさせ、次男を保育所に送り、すぐに栽培ハウスの作業に合流する。就農する前は専業主婦だった。常に一緒にいるのでささいなことでケンカになることもある。だがそれもご愛嬌。「専業主婦のときよりずっと楽しい」と笑う。

何より、子どもとの距離が縮まった。目の前の保育所のフェンスから、次男が笑顔で二人を見つめていたりする。横の通りを歩いていることもある。ハウスからは、長男が通う小学校を遠望することができる。

家の敷地は二百五十坪。二人の子どもが庭でサッカーボールで遊ぶのに十分な広さだ。庭にはビワ、ミカン、カキの木があり、手入れをしなくても旬の味覚を楽しめる。大家は東京に住んでいて、「ピアノは自由に使っていいよ」と言ってくれた。就農前のマンション暮らしとは大違いの生活だ。

一年目は期待以上にうまくいった。一日に三百パック出荷したこともある。長年イチゴを作っている農家にとってさえ、低くない水準だ。平田は「ビギナーズラックです」と謙遜するが、地元のベテラン農家で、養豚とアスパラガスの栽培を手がける岩城賞弘は「ようできてるなあ」と目を細めた。

就農したばかりの平田と違い、年配の岩城はいかにも農家という雰囲気だ。だがじつは彼も、三十数年前にジャスコ（現イオン）のサラリーマンから転進した新規就農者だ。脱サラ農家としては、草分け的な存在だろう。当時はほかの地域から来た就農者を支援する仕組みがほとんどなく、実家を担保に銀行から四千万円以上を借りてスタートした。そのころは今と違って金利が高く、「二十年間で一億円ぐらい返済した」という。

そうやって苦労して経営を軌道に乗せてきた岩城が二〇一一年から力を入れているのが、後輩である新規就農者のサポートだ。自治体は就農者の受け入れには積極的だが、営農を始めたあと、定着するまできめ細かく面倒を見てはくれない。そこで岩城が発起人になり、先輩として営農の相談に乗ったり、情報交換の場を設けたりして、新規就農者を後押しすることにした。

平田はそうしたなかの一人だ。取材で「まず技術を磨くことが大事」と話していたように、一年目の成功に浮かれることなく、栽培技術の向上に努めた。地元の農協には、イチゴの栽培技術のレベルに応じて三つの生産者グループがある。ほどなくして、平田は一番上のグループの一員になった。

アクティブシニアでいたい

農業の世界に飛び込む人たちには、様々なバリエーションがある。何も若者の就農だけが、農業の未来を左右するわけではない。

東京都農業会議の松澤龍人から二〇一六年十二月に一本のメールが来た。「情報提供です」と題したメールは「若者の就農と一味ちがいます」と前置きしたうえで、大手企業を早期退職し、農業を始めた三人組のことが書かれてあった。

第四章で取り上げたように、松澤は東京で数多くの新規就農者をサポートしてきた。その松澤にとっても、三人は珍しい存在だった。

松澤が紹介してくれたのは、続橋昌志、泉政之、水野聡の三人だ。全員一九六〇年生まれで、二〇一五年三月に会社を辞め、その年の十二月に東京都八王子市で農業法人のアーバンファーム八王子を立ち上げた。

「五十歳ぐらいのとき、自分の人生をふり返りました。このまま会社にいて、組織に埋もれたままでいいのかと思ったんです」。代表の続橋はしみじみそう話す。仕事がうまくいかなかったから、会社勤めに疑問を持ったわけではない。一時は部下が四百人以上いるような要職にあった。

東日本大震災も影響した。「自分だけの利益はもういいかなあ」。震災をきっかけにそんなことも思い始めた。五十歳を過ぎると、多かれ少なかれ、その先の人生のことを考えるようになる。「この先どうする?」。同期と話すと、そんなことが話題になるようになった。「酒を飲んで、くだを巻きながら」

頭にあったのは「アクティブシニアでいたい」との思いだった。趣味の世界でのんびり生きようという発想はなかった。そこで浮かんだのが農業だ。自然に触れることができて、七十代まで働くことができる可能性がある。「それって最高じゃないか」。続橋と泉はいつしか農業に照準を定めていた。

一方、水野は二人とはべつに、「自然のなかで暮らしたい」という思いを募らせていた。定年退職して長野にログハウスを建てた先輩から「田舎暮らしはいいぞ」と勧められていた。自然と浮かんだのが、農業を中心とした生活だった。これを聞きつけた続橋と泉が「どうやら、我々と同じっぽいぞ」と話し合い、水野に声をかけた。「おれたちとほぼ一緒じゃん。三人でやらないか」

「後手後手農業」

ではどこで就農するか。最初に考えたのは「野菜を売るためのマーケットが必要」ということだ。それが東京だった。ビジネスとして成り立たないと意味がないと考えた。家庭菜園の延長ではすませたくなかったのだ。

まず体験農園で農業に触れてみた。最初の農園は、農薬を使わない有機栽培の農園で、「ほとんど虫のために野菜を作った一年だった」。翌年通った農園は、丁寧に農作業を教えてくれた。そこで作物ができる喜びを知った。

そして二〇一五年三月、五十五歳の年にそろって会社を辞めた。アマチュアの立場で農作業を楽しむためではなく、プロの農家のもとで本格的に研修するのが目的だ。二つの農場でそれぞれ週に二日ずつ、さらに自分たちで借りた小さな畑で一日。週に五日、どっぷり農作業につかった。

では、アーバンファーム八王子の発足後、セカンドライフを賭けた挑戦はどうなったのか。そう聞くと、メンバーの一人は次のように表現した。

「自分たちで、自嘲の意味を込めて『後手後手農業』って呼んでます」

いくら研修を重ねても、栽培が一年目から完璧なはずがない。自分たちだけで作り始めた瞬間、畑は研修時代とはまったく違った姿を見せた。「売るための野菜」を作れるようになるまでに、様々な困難に直面した。

まず経営の概要を見ておこう。栽培品目はレタス、ナス、オクラ、トウモロコシ、トマト、ジャガイモ、長ネギ、枝豆など三十～四十種類。中心は小松菜だ。品目を絞って大規模に効率的に生産する地方の産地型の農業ではなく、鮮度を武器に幅広い品目を切れ目なく出荷する典型的な都市型の農業だ。

面積は四十アール。三人が生活を成り立たせるには十分とは言えないが、スタートの面積としては妥当な規模だろう。売り先は近くの直売所や学校給食、野菜の卸会社などだ。居酒屋やマルシェにも出している。

畑と売り先を確保できたのは、法人を立ち上げる前にごく短い期間畑を手伝わせてもらった八王子のベテラン農家、中西忠一の協力が大きい。篤農家として有名な彼の紹介がなければ、実績ゼロの三人が畑を見つけるのは困難を極めたはずだ。三人は「この出会いが素晴らしかった」と感謝する。

反省の弁のオンパレード

「後手後手農業」に話を戻そう。「中西さんがタネをまいているのを見て、『こちらもタネまこうよ』って動き出す」「収穫の手際が悪いから、一日の出荷量がほかの農家より少ない」。反省の弁ばかりが次々に飛び出す。

初出荷した品目はジャガイモだった。収穫してみると、一株に十個くらいついていた。「これスーパーに行ったら二百〜三百円になるよな」「何百株もある。三十万円くらいにはなるんじゃないか」。ところが、小さかったり、傷んでいたりして、全量をそのまま出荷できるわけではなかった。売り上げは十万〜十五万円くらいだった。「思惑通りの数字にならないなあ」

「一般的な価格で計画を作り、東京都農業会議に出したら『そんなに収入にならないよ』って言われました。『そんなことねーよ』って思いましたが、実際はそれ以下でした。『こんなにお金にならないのか』と驚きました」

小松菜を大量に捨てたこともあった。主力の小松菜は売り先に周年で出荷する約束になっていた。欠品を心配してタネを頻繁にまいていたら、夏場に一気に成長のスピードが速まった。いつものように収穫していると、次の畝の小松菜がずいぶん大きくなっていることに気づいた。「やべー、向こうでかいぞ」。その次の畝もどんどん育っていた。やむなく、四十〜五十センチまで育ってしまった小松菜を畝一本分捨てた。タネをまき過ぎたのだ。

ここで質問してみた。「みんなで食べるという選択肢はなかったんですか」。愚問だった。「食べ切れませんよ」。畝の長さは一本三十メートル。家庭菜園ではないのだ。軽トラに積み、捨てに行った。不足したわけではないので、売り先への約束を破らずにすんだのは、不幸中の幸いだった。

反省の弁は続く。「作業が遅くて、畑のなかで野菜がどんどん傷んでいく」。本来は黄色いはずのショウガの表皮が、茶色がかってしまった。食べるのに問題はないし、噴霧器を使えば、色を落とすことはできる。ただし、収穫は簡単に終わるのに、洗う作業は四～五時間。「きつかったねえ」

「ありがとう」が元気をくれた

こんなやり取りを続けていたら、水野がふと気づいたように、一通の手紙を持ってきた。三人の作った野菜を食べた顧客からのものだった。

「先日直売所で葉が厚く、ひときわ緑が濃く、目立っていたホウレンソウを買わせていただきました。根もとの汚れがないので、調理の手間がなく、全体にとても甘く、根まで楽しませていただきました。とてもおいしかったです。疲れが吹き飛ぶくらい、食べた瞬間から元気にさせてくれました。心より感謝申し上げます。どうしてもこのことを伝えたく。応援しています」

この手紙は作業場の冷蔵庫に貼ってあった。「初心忘れるべからずという意味です」。ここで代表の続橋が、会社員時代をしみじみふり返った。

「『ありがとう』のひと言がこれほどうれしいものとは思いませんでした。会社では代理店を通して商品を売っていたので、どこに売れているのか知りませんでした。ユーザーの顔は全然わかりませんでした」

発言のトーンが一気に変わった。「病気しないね」「擦り傷とか、腰が痛いとかはあるけど、自分たちがやりたいことを自分たちのペースでやってるから、ストレスがない」「農業というビジネスをやる緊張感がある。体力を維持できるし、ぼけ防止にもなる」。苦労話はいつのまにか終わっていた。

ここで再び、続橋が総括した。「ぼくら新宿で働いていたんで、ビルに囲まれ、上を見ても空が狭かった。いまはものすごい広いところで気持ちよく作業ができる。最高の一年でしたね。すべての時間が楽しかった」

ベテラン農家の中西忠一の支援で三人が就農できたことは先に触れた。中西は三人に「いいものを作らないと、絶対に長続きしないよ」と話したという。たんに売れる野菜を作るべきだとアドバイスしたわけではない。農業を続けていくうえで必要な、モチベーションのあり方を伝えたかったのだ。

木村カエラが流れる大人の秘密基地

ところで、就農にいたるまでのエピソードや就農後の苦労話を聞きながら、気になることがあった。場所は三人が立ち上げたアーバンファーム八王子の作業場だ。壁には作業着がかかっていて、隅のほうには野菜の苗を育てるプレートが置いてある。水を噴霧して野菜を洗う機械もある。本棚には雑誌の「現代農業」など、農業関係の本がびっしり並んでいる。

農業一色にみえる作業小屋だが、壁に設置した棚を見ると、農業とはあまり関係のないものが載せてあった。レコードプレーヤーだ。そのことを指摘すると、続橋が段ボール箱からレコードを取り出し、音楽を流し始めた。ブラームスの交響曲第一番ハ短調だ。「指揮はブルーノ・ワルターターです」。

小屋に運び込んだレコードはシングルを含めて約百枚。壁にかけたスピーカーは水野が提供した。「マンションに住んでたら、大きな音は出せないですから。若いころ、三十年前に買って押し入れに入れといたものです」。しばらくすると、スピーカーをインターネットにつなぎ、木村カエラの「リルラ リルハ」をかけた。

作業中はずっと音楽をかけっぱなし。壁にはテレビもかかっている。「自分たちの自由な城。大人の秘密基地」。会社を辞めるとき、「組織はもういい」と思った。そこで実現を目指した解放感は、こういう形で実現していた。

最後に強調しておきたいのは、会社を辞めることイコール、社会と距離を置くことではないという点だ。実際はむしろその逆。貧困家庭の子どもに食材を提供するボランティアに協力しているのもそうした一環だ。「サラリーマン時代は家と会社の往復ばかりで、地域との接点がなかったな」。いまは子どもたちに畑を開放したりして、地域とのつながりはどんどん広がっている。

農家の高齢化は農業のチャンス

日本はいま超高齢化社会に突入しようとしている。会社を辞めたあともなお長く続くセカンドライフを、サラリーマンたちはどう設計するのか。続橋たちが目指したのは、ずっと元気に働くアクティブシニアだ。そのお手本は、目の前にいる。三人が「お師匠さん」と呼ぶ中西だ。すでに七十代後半だが、続橋の表現によると「おやじさん、元気元気」。会社の先輩で「定年後、枯れちゃった感じの人」と比べると、中西の生き生きとした姿が際立つ。

「あんなに若いときに入社して、ずいぶん会社にいたと思ったけど三十年。農業は、これから二十年続けたい」

日本の農家の高齢化が進み、大量のリタイアが迫っていることを、筆者はこれまで「農業危機」という言葉で表現してきた。田畑を引き継ぐ若い就農者が足りないという意味で、危機は現実のものになりつつあるが、「二十年続けたい」と思うミドルの存在を考えれば、違う側面も見えてくる。

日本は大量の農産物が輸入され、膨大な食料がまだ食べられるのに捨てられる飽食の国だ。プロの農家でさえ、収益性はおしなべて低い。だから教育費などがかさむ二十~四十代が就農するにはよほどの決意が要る。本章で最初に紹介した伊藤隆弘は「農業は天命」という強い思いで飛び込んだ。

これに対し、生活費の負担が比較的軽い五十代以降の農業への挑戦は、もう少しプレッシャーが軽くなる。しかも、続橋が言うように「ぼくらは元気。医療費もあまりかからない」。農作業に向き合う暮らしの恩恵だ。頭と体を使い続けることのできる農業だからこそ、それを手にすることができる。七十歳になっても続けることができる農業は、何と素晴らしい仕事なのだろう。

「都会で働いてきたぼくらの世代の人たちこそ、農業を経験してほしい。そのロールモデルをつくりたい。楽しい人生を送ってみませんか」

三人の挑戦の成否を測るものさしは、成長産業化を語るときの「躍進する農業法人」といったものとはまた違ったものになるだろう。農業の価値はじつに多様だ。農業を成長産業にするという目標は大事だが、田畑を次代につなぎ、豊かな社会をつくる方法は、もっと多様なものなのだと思う。

それでは、もっと「小さな世界」へと歩を進めよう。

二　被災地から来たおイモのおじちゃん

夢の島の十平方メートルの宇宙

二〇一四年の暮れに、江東区夢の島区民農園を訪ねた。畑の土の間からところどころ銀色の霜がのぞく寒さのなか、六十八歳の男性が一九七〇年代のフォークソングをヘッドホンで聴きながら、京芋を掘っていた。

男性はかつて義足を作る仕事をしていた。部品をパートが組み立てるような最近の義足とは違い、相手の足の形に合わせて手づくりで仕上げてきた。野菜づくりを始めたのは約三十年前。

「病院の先生や患者からいろいろ言われてストレスの多い仕事だった。それで、土をいじりたくなった」。

仕事は六十歳でやめた。いまも毎朝、「仕事に行ってくるよ」と言って家を出るが、向かう先は新たな〝職場〟の区民農園だ。十平方メートルの小さな区画には京芋のほかに日野蕪や水菜、春菊、ブロッコリーなどの野菜が植わっていた。「ほかの人のやり方を見て盗む。奥深いですよ」。義足を作っていたときと同じ職人気質で、野菜に向き合う。

別の区画では、東京都の職員が作業をしていた。「今日の作業は何ですか」「大根の収穫」。そんなやり取りをしていると、十歳の息子が手のひらに乗せたコガネムシの幼虫を見せにきた。「最初は怖がっていたけど、いまはすっかり慣れたようです」。五歳の娘はじょうろで熱心に水をまいている。

子どもたちと一緒に野菜をつくってみて、驚くことがたくさんあった。例えば、十歳の子どもは以前はニンジンが嫌いだったが、自分たちで育てたニンジンなら「おいしい、おいしい」と言って食べた。「さっきも、収穫したてを水で洗って、その場で食べてました」

スーパーで売っている大根はまっすぐなのが当たり前。だがここでは、大根の先が割れて足のような形になっているのを面白がる。子どもたちが夏の暑い日でも嫌がらず水やりに来たのも、親にとっては新鮮だった。

栽培指導のスタッフによると、ここで「先生」と呼ばれている高齢者には驚くべき技の持ち主がいるという。初めて抽選に当たった人は、狭い面積でたくさんとろうとタネや苗をびっしり植えることが多い。だがそれでは、作物はきちんと育たない。スタッフは「間引いてください」と指導する。

「先生」はその指導の逆を行く。土づくりをきっちりやり、十平方メートルという限られた区画の中でどれだけ収穫できるかに挑む。「一見、セオリー無視で、プロの農家とは逆の方向」。それが可能になるのは、夏なら毎朝五時、冬でも六時過ぎには畑に来て作物を観察し、手入れする努力だ。「驚くべき技」と書いたが、「驚くべき情熱」と言いかえてもいいだろう。

日曜画家と家庭菜園

各地でいま、農業の未来を担う経営者が誕生している。彼らの一部と話していると、「家庭菜園でやっているようなことを、農業とは言わないでほしい」と言われることがある。「もうからない」という愚痴が渦巻いていた農業界で、持続可能なビジネスモデルを模索してきた自負は理解できる。

たしかに、家庭菜園や市民農園の利用者は利益を出すのが目的ではないから、できた野菜の価値から費用を差し引けばマイナスになるだろう。だがそうした点を補って余りあるほど、「アマチュアの農業」には大きな価値がある。

もしかしたら、農業はある意味で絵画に近いのかもしれない。ごく一部の才能に恵まれた人だけが足を踏み入れることができて、誰も見たことのない表現の可能性に挑む創造の世界がある。一方で、大量生産になじむ商業デザインもある。しかもその周りに、膨大な数の無名の日曜画家がいる。

芸大を出たデザイナーや画家が、趣味の日曜画家を「あれは素人だ」と突き放すこともなくはないだろうが、むしろ販売目的ではない日曜画家の描いた絵を「純粋な絵心」と評価することも珍しくない。テクニックがともすると作品を画一的なものにするのに対し、素人の絵はときに見るものをはっとさせるような輝きを放つこともある。アートの世界は寛容だ。

農業も、本来そうであっていい。

ここで「生産と消費」という二分法はしっくりこない。農業法人が農産物を作るのはもちろん生産だ。これに対し、サラリーマンがお金を払って週末に市民農園で汗を流すのは、消費と見ることもできる。だが同時に、精魂込めて栽培に向き合うことは、間違いなく「ものづくり」だ。

もう一度農業を身近な存在に

農業就業人口が日本の人口に占める比率は足元で一・三％まで縮小した。農家の平均年齢は六十七歳と、日本全体の高齢化のずっと先を進んでいるから、この傾向は今後さらに加速するだろう。

筆者は小さいころ、田んぼの間の道を歩いて小学校に通っていた。その後、別の町に引っ越したが、高校生のころ自転車で小学校を探しに行ってみた。住宅地をさんざん走り回ったあげく、そこが田んぼがあった場所だと気づいて、映画「猿の惑星」のラストシーンみたいな衝撃を味わった。

これが戦後の高度成長期をへて、最近まで日本各地で起きていた風景の変化だ。国民のための食料の生産基地だった農地が、家や工場やスーパーに姿を変えた。人口減少時代で変化がようやく止まったと思ったら、残った田畑は耕作放棄地という名の荒れ地に戻ろうとしている。

この危機にどう向き合えばいいのか。大切なのは生産物の質や生産効率、販路の開拓などで事業を拡大できる経営者が増えることだ。彼らのもとに多くの農家が集まり、新しいグループとなって農業再生の道を開く。農協もその一翼を担う。

だが、それだけでは何かが足りない。農業人口の急減に先に触れたが、少し大げさに言えば、ひとの暮らしと農業がこれほど縁遠いものになったのは、日本社会にとって初めてのことではないだろうか。よく言われることだが、多くの人は誰がどうやって作ったか知らない食べ物を食べている。

そこで、都市近郊の農業がこれまでとは違う価値を帯びるようになる。第四章で紹介したように、都市の周辺で新たな農業の可能性を探る試みが始まっている。もう一つが本章の主題の「素人農業」。たった十平方メートルでも、ふつうの人にとってみれば、たくさんの作物を作ることができる「広大な宇宙」になる。ここが、農業をもう一度身近なものにする出発点になる。

それは利益を出すための農業ではない。だが、安全と安心を担保する、究極の「顔の見える農業」だ。しかも、高齢者にとっては、健康を維持するための作業になる。子や孫と触れ合うための場所にもなるだろう。

作物を作る難しさと喜びを知れば、プロの農家へのシンパシーもきっと生まれる。農協が大量の組合員を動員し、日比谷公園で何かに反対する光景を見せつけられるより、ずっと「農業は大切だ」という思いを起こさせる。

そして、「十平方メートルの宇宙」で幼いころに野菜を作った思い出が、いつか自分もプロの農家になりたいという気持ちにつながるかもしれない。若いたくさんのアマチュアがいて、そのなかからプロを目指す人が現れる。そんな健全な道筋ができれば、農業の未来にもっと光が見えてくると思うのだ。

ベテラン農家が夢の島にやってきた

タネをまき、芽を伸ばし、実を実らせ、収穫するのが農業だ。世代を超えてその大切な作業をともにすることで、いつか栽培の継承というもっと豊かな実りを結ぶ。もうしばらく、夢の島の区民農園の話を続けたい。

東日本大震災で田畑を失った高齢の農家と、都内の保育園児たちの交流のエピソードだ。震災から、約四年の歳月が流れていた。

「イオンを歩いていたら、小さい子どもに『トヨシマさ〜ん』って呼ばれたんだ」。七十九歳の豊島力はうれしそうにそう話した。豊島が「なんで知ってるの」と聞くと、子どもは「おイモ掘りに行ったよ」と答えたという。

震災で甚大な被害を受けた福島県浪江町で農業をしていた。コメを中心にサツマイモや白菜も作る複合経営。「コメの収量はみんな十アールで五百四十キロ程度だけど、おれは六百キロ。多いときは六百四十キロとれたね」

父親は典型的な昔ながらの農家だった。指導方針は「自分で考えて覚えろ」。豊島もそういう流儀を受けついだ。だから、取材で多収の技術の秘訣を質問すると「努力です。自己流で成功したんです」と言葉短く答えた。

「いやあ、すごかったぞ」。震災の日のことは、こんな言葉で語り始めた。車庫でスタッドレスタイヤの交換をしていると、「ゴオッ」という地響きとともに揺れがやってきた。家の瓦が落ちる音が聞こえた。震災後、浪江町は計画的避難区域に指定された。

震災後は妹が住む東京都昭島市で一カ月過ごし、そのあと東京都江東区の公務員宿舎「東雲住宅」にほかの被災者たちと移り住んだ。十五歳のときから続けてきた農家としての暮らしは、原発事故でうばわれた。福島の多くの生産者を襲った悲劇だ。

もう一度、土と向き合うチャンスがめぐってきたのはその二年後だ。

伏線は二つあった。一つは、東雲住宅の近くにある東雲保育園と被災者が交流するための集いが始まったことだ。被災者たちは敬老の日や正月に保育園に招かれるようになった。もう一つは、東雲保育園に隣接する東雲第二保育園が、夢の島区民農園で畑を借りることを計画していたことだ。

この二つの取り組みが一つになった。区民農園で二つの保育園の園児たちが一緒にイモを植える。ただ、第二保育園が園内でこれまでやってきた畑と比べ、区民農園が貸してくれる畑はずっと広く、誰か指導者が必要だった。こうして、豊島は園児たちに農作業を教える「先生」になった。

農業に目を輝かす園児たち

「おイモのおじちゃん」。子どもたちは豊島のことをこう呼んだ。ただし、豊島が指導したのはサツマイモづくりだけではない。畑にはトマトやスイカ、白菜、トウモロコシ、枝豆も植えた。

園児たちは、豊島が畑のことを何でも知っているのに驚いた。「これもう抜いていいの?」「まだだよ」「こっちは?」「もう食べられるよ」。保育園に戻っても、園児たちの会話は豊島の話で持ちきりだった。園長が「豊島さんが『もう葉っぱが十分育ったから、水はやらなくていい』って言ってたよ」と話すと、園児たちは「そうなんだ〜」と目を輝かせた。

自ら作ることで、野菜に興味を持った。「スイカは色が濃いとおいしいんだね」。園長は園児たちのそんな「気づき」を喜んだ。自分たちで作ったから、おいしさも格別だ。園長が「保育園が給食で出してるトマトもおいしいでしょ」と聞くと、園児たちは「ちが〜う」。栽培の楽しさを知ったのだ。

ほかの畑も観察するようになった。入り口から保育園の畑に着くまでに、農園には区民が借りたたくさんの区画がある。それを見ながら、「ズッキーニって、あんなふうになってるんだ」と驚く。子どもたちに農の世界が開けた。

震災の年の秋、豊島は故郷の田畑を訪ねてみた。六十年以上にわたり、仕事と暮らしの場所だったそこには、セイタカアワダチソウが生い茂り、黄色い花を咲かせていた。「花はきれいだけどさ、情けなくて涙が出たよ」

「農業をやっていて楽しかったこと」を聞くと、話してくれたのが営農組合の仲間との交流だ。秋の収穫祭のとき、みんなで笑いながら「来年も頑張ろう」とはげまし合った。その仲間も、散り散りになった。豊島が「大先輩です」と慕う八十代の組合のリーダーは、二〇一四年に亡くなった。

農業は、移り住んだ東京で豊島に新たな出会いをもたらした。「いやあ、うれしいよ。自分のひ孫みたいな年の子どもだよ」。区民農園で教える子どもたちは毎年違う。だが、子どもたちは豊島のことを忘れない。イオンで声をかけてきた子どもは一年目に指導した園児で、小学生になっていた。

余計な意義づけはいらないだろう。自給率や耕作放棄といった悩ましい言葉を脇に置き、人と土と作物が交わることをシンプルに考えれば、農業は間違いなく素晴らしい。それは園児たちの輝く笑顔が雄弁に語っている。

原発事故で農業から引き離された豊島だが、都会の真ん中で子どもたちに野菜を作る喜びを教える機会にめぐまれた。「農業をやっていてよかったなあ」。そうしみじみ話す豊島の言葉に、つけ加えるべき文章はみあたらない。

農作業を手伝う組織が発足

農家は高齢化が進み、後継者を確保できずに困っている——。農業に関心のある人なら、そこまでは誰でも知っている。だが「それなら人手が足りない農家を手伝いに行こう」と考え、実行する人はそう多くはない。

東京都町田市が拠点の「たがやす」は、そんな活動を長年続けているNPO法人だ。二〇〇二年に生活クラブ生協が中心になって立ち上げたこの組織は、いまや農作業を手伝う「援農」だけではなく、農業技術を学ぶ研修施設を運営し、さらに自らの農場を持つまでに発展した。

「たがやす」はどんな経緯で発足したのか。事務局長を務める斉藤恵美子によると、「生活クラブ生協の先輩から『農業関係の組織を作りたいから、やってみて』って頼まれたのがきっかけ」という。そこで、生協の組合員に「農家のナスの収穫を手伝いませんか」というチラシを配ってみると、数人が実際に来てくれた。その活動を発展させ、組織を作ることになった。

本格的に活動を始めるには、農作業を手伝う「援農ボランティア」を一定の人数そろえることが必要になる。そこで募集をかけてみると、予想外にたくさんの人が集まった。円滑にボランティアを確保できた理由は、高齢化社会のリアルな姿を映していて考えさせられるものがある。

「生協の組合員を増やす活動をしていたとき、インターホンを鳴らすと出てくるのは、リタイアしたご主人ばかりでした。奥さんは仕事やサークル活動で家にいない。ご主人に加入を勧めても、『僕は何もわかりません』。男の人たちのコミュニティーが必要だと思っていましたが、援農ボランティアを募集したら、そういう定年退職した男の人たちが応募してきたんです」

では援農の対象の農家はどうやって見つけたのか。まず考えたのは、他人が田畑に入るのを嫌がるのではないかということだ。そこで、生活クラブ生協に出荷している農家を訪ねることにした。農場の見学会で組合員と交流があるので、受け入れやすいと思ったからだ。最初は四軒からスタートした。

畑に向き合う農家の執念を知った

読者のなかには「農家から求められてもいないのに、なぜ援農を始めたのか」といぶかしむ人もいるだろう。だが、もっと考えるべきなのは、市民との接点が少な過ぎるため、農家の声が伝わっていなかったことだ。それを裏付けるように、いざ始めてみると「おれんとこ、援農に来てもらって助かってるよ」という話が口コミで伝わり、受け入れ先の農家が増えていった。

シンプルな発想の力と言うべきだろう。「地域にとって農業は大切だ」「その農業が大変なことになっている」「じゃあ、手伝おう」と決め、実行した。農家から「手伝ってほしい」と頼まれたわけでも、シニアの男性たちから「手伝いたい」と言われたわけでもない。あったのは「絶対に必要なはずだ」という直球の信念。それが二十年近く続き、実績を上げていることに驚く。

運営を軌道に乗せるうえで重要だったのが、ボランティアと農家がどう接するかだ。農家は一国一城のあるじで、農繁期は極度に忙しい。若い農家からボランティアが「それ何やってんだよ」などと言われ、「プライドを傷つけられた」とこぼすこともあった。

素人だから、当然失敗もする。車で行って農家の車庫を壊した人もいた。斉藤は「トラブルは山のようにありました。こんなに人に頭を下げた人はほかにいないだろうっていうくらい私、両方に頭を下げました」と話す。

活動を続けているうち、どんな農家が援農を必要としているかもわかってきた。当初は、後継者のいない高齢の農家が支援を求めていると想定していた。だが援農を頼んできたのは、跡取りがいる農家ばかりだった。

この「読み違い」は、農業の実情を映していた。後継者がいない農家には「農業は自分たち限りで終わり。いまさら人を入れて、ややこしい人付き合いをするより、夫婦二人だけでやって終わりにしたい」と思っている人が多かった。一方、若い後継者は「週に一日は休みがほしい」というくらい作業に追われていた。そこに援農のニーズがあった。子どもがいる若い農家から「初めて家族で旅行に行けました」と感謝されることもあった。

ボランティアが農作業を手伝いに行くようになったことで、農場に予想外の変化も起きた。援農に行った若い農家に小学生の息子がいた。その十数年後、息子は大学を卒業すると実家で農業を始めた。「人が手伝いに来てくれるってことは、大切な仕事なんだ。やるべきだ」と思ったからだという。

栽培に対する執念を目の当たりにしたこともある。その農家はガンを患っていた。急遽手伝いに行った斉藤たちが「ほかの農家から頼まれました」と言うと、「おれはそんなこと聞いてない」と怒鳴りつけられた。途方に暮れて市役所に相談に行くと、「大丈夫ですよ。自分たちもよく怒鳴られてますから」とちょっと微妙な言葉で励まされ、そのまま援農を続けた。

余命が幾ばくもないことを、悟っていたのだろうか。結局、この農家は「作付けをきちんとやって、収穫物を残したい」と言いながら、畑に出続け、亡くなった。斉藤たちはその後、後を継いだ息子もサポートした。

支援に来た人を怒鳴ったことに対しては、様々な見方があるだろう。だが、最後まで畑に向き合い続けようとする農家の姿は、ボランティアたちの目に強く焼き付いた。斉藤は「あの人はすごかった。ずっと自分でやってきて、人様の世話になってはいけないと思っていたんでしょう」と話す。

農業の現場には様々なドラマがあった。「たがやす」のメンバーたちは、彼らと接することで農業と農家のことを少しずつ理解していった。

荒れ地を開墾して農場を開いた

NPO法人の「たがやす」は援農だけでなく、農作業を学ぶための農場「ファーム七国山」も運営している。ボランティアを農家に派遣しても、知識や技術がなければ簡単な作業しか手伝えない。ボランティアの技術を高めるため、市から土地を借りて二〇〇五年にファーム七国山を開講した。

筆者がファーム七国山を訪ねたとき、農場は開設してからすでに十年がたっていた。その日は近所のベテラン農家が講師を務め、くわの使い方を教えていた。「野球のバットと同じで、腰が大切だ。そうすると、くわが振れるようになってくる」

「ここには背丈より高い草が生えていた。それを『たがやす』のメンバーが全部耕したんだ」。この農家はしみじみとそう語った。荒れた原野に戻っていく風景を、市民の手で豊かな農地に再生させた。「ここは土づくりからやっているから、土の色が違う。昔はこうやって土をかわいがったもんだ」

「たがやす」が農場を開く土地を貸してほしいと頼んだとき、市が出した条件は「雑草を刈って畑に戻すこと」だった。あるいは、市の担当者は「NPOの手で開墾するのは難しいだろう」と思っていたのかもしれない。だが「たがやす」のメンバーたちは「絶対にやる」と決意した。

「ここで断ったら、もう二度とチャンスはないだろう」と思ったからだ。

開墾作業は、予想以上に困難な仕事だった。最初のうちはふつうの草刈り機でやろうとしたが、夏場だったので、刈っているうちにまた生えてきてしまった。そこで、草を根っこから刈る専用の機械を農家から借り、朝から晩まで草刈りを続けた。

斉藤によると、近くの農家の集まりで「除草剤を使わなきゃ、無理だよ」と言われたという。だが、無農薬にこだわるメンバーが「使わないでやろう」と主張したことを受け、手の空いているメンバーが交代で作業し、半年余りで研修農園を開いた。その後も除草剤は使っていない。

農家の間で「すごい。農家はみんな機械を使ってやってるけど、昔の農業のやり方をしてる」という評判が立った。こうして、ファーム七国山は地元の農家が講師になり、伝統的な農法を次代に伝える場となった。

農業の応援団を作る

「たがやす」の活動はその後も広がり続けている。二〇一〇年には、就農を目指す人が技術を学ぶ町田市農業研修農場の運営を市から受託した。やり方はファーム七国山と同じで、地元の農家が講師になり、「たがやす」のベテランメンバーがアドバイザーを務めることになった。七国山を開墾した実績を市が評価し、「たがやす」に運営をまかせることにした。

二〇一四年には新たな農場の小野路農園クラブを開いた。農水省の予算に、農業のある町づくりを応援するための交付金があり、町田市では「『たがやす』にやってもらおう」ということになった。ここは木が生い茂るなど、七国山以上に過酷な状況だったため、開墾費用を国に出してもらい、業者に頼んでパワーショベルで抜根し、農場を開いた。

耕作放棄が全国各地で問題になるなかで、素人の集団である「たがやす」があたかも開墾請負人のような役割を果たしているのだ。斉藤は「農業ができる人材を育てていきたい。『たがやす』のメンバーになって技術を学んだら、いつでもまた開墾することができる。そんな存在になりたい」と話す。

ひとつ確認しておきたいことがある。まず、「昔ながらの農業」をプロの農家までやるべきだと言いたいわけではない。プロである以上、効率化は絶対に必要で、くわで耕し、雑草をいちいち手でとっていてはビジネスとしての農業はできない。除草剤を全否定しては、いまの農業は成り立たない。

だからこそ、市民がやることに意味がある。ファーム七国山で農業を教えるベテラン農家は「たがやす」のメンバーについて「暑いのに大丈夫かって心配になるぐらい頑張ってる」と話す。そして「最近はいいものを作るようになった」。援農ボランティアにも、技術は確実に宿りつつあるのだ。

この関係はこの章の前段で触れたように、プロの画家と日曜画家の関係に例えることができる。日曜画家はどれほど望んでも、まずプロになることはできない。だが、ときにプロをうならせる絵を描くことがある。高い技術を持つ日曜画家もいるだろうが、むしろプロを驚かすのは「純粋な絵心」だ。

自給率の向上を掲げる農政は、つまるところ、国産を増産して外国産を追い出すことを目指してきた。だが、農水省がいくら「自給率が低いのは問題だ」と言っても、消費者の大多数はそれを理由に外国産を食べるのをやめたりはしない。突然鎖国して、外国産の輸入を拒むこともできない。

そうした状況に農業が立ち向かうためには、品質の高い農産物をより効率的に生産するためのたゆまぬ努力が必要だ。そして併せて重要なのが、「農業を応援したい」という国民の意識を醸成することだ。以前と比べ、食と農が遠く離れてしまった今、「たがやす」のような活動は農をもう一度、消費者のもとに近づけてくれる。そこで作物を育てる難しさと、喜びを知った消費者たちは、日本の未来の農業にとって大切な応援団になってくれるはずだ。

三　ニンジャが畑を守る意味

唾液でストレスを計測する技術

植物を育てたり、鑑賞したりすることが、ストレスの解消につながると感じている人は多いだろう。週末に市民農園に通う目的が、野菜を育てることだけではなく、平日の仕事で疲れた気分のリフレッシュという人も少なくない。では農作業で実際にどれだけストレスを減らすことができるのか。

透き通るような晴天に恵まれた二〇一八年の暮れ、舞台は東京都国立市にあるイベント農園「くにたち　はたけんぼ」。ふだんは小学生が農作業を体験する放課後クラブなど田畑を使った様々なイベントが開かれているが、この日はちょっと様子が違っていた。集まったのはサラリーマンや主婦、学生たち。さらに白衣姿の人も数人いた。順天堂大学の医療関係者だ。

唾液を調べることで、人間のストレス状況を検出する特殊な技術がある。順天堂大はその分野で、高レベルの計測技術を持っている。唾液の成分を調べて心と体の緊張の度合いを数値化するという驚くべき技術だ。

ジョギングなどの運動も、ストレスを減らすのに役立つ。だが心身をリフレッシュさせるのに十分な運動は、疲労感を伴うことがある。ぼーっとしていれば、ストレスはないかもしれないが、必ずしも充実感は伴わない。これに対し、適度な農作業で土や植物に触れることで、ストレスが減ると同時に、「幸せホルモン」と呼ばれるオキシトシンが分泌される。

ここまでは、順天堂大の研究で実証ずみだ。ただ問題は調査が難点を伴うことにある。まず唾液を採取するキットは、医療従事者しか扱うことができず、しかも高価。唾液を出すことに苦痛を感じる高齢者もいる。

目標は、ストレスの計測技術を、企業の福利厚生などに役立つサービスとして実用化することにある。そこで、順天堂大は、NTTコミュニケーションズと組むことにした。両者が知見を持ち寄り、唾液の検査技術を背景にしながらも実際には唾液を調べることなく、ストレスを測る技術の確立を目指している。

イベント農場のはたけんぼで開いた実験は、そのためのステップの一つだ。使った機器は、心拍数などを計測する「ｈｉｔｏｅ」と唾液の採取キット。唾液の採取キットは二つあり、簡易キットはストレスを定量的に評価することができるとされるαアミラーゼをその場で測る。もう一つは唾液を保管する円柱型の小さいケースで、大学に持ち帰り、αアミラーゼに加え、オキシトシンや免疫グロブリンなどを細かく測定する。

一方、長方形の大きな絆創膏のような形状のｈｉｔｏｅは、東レとNTTが共同で開発した生体情報測定用の機能素材だ。肌着などに装着し、心拍数や心電位などを計測する。測ったデータは小型のトランスミッターを通し、スマホに飛ばす。データはグラフなどの見やすい形に加工される。

実験の目的は、ｈｉｔｏｅで測ったデータと、唾液の分析でわかるストレス状況の相関関係をつきとめ、両者をつなぐアルゴリズムを確立することにある。それができれば、利用に際してハードルがある唾液の採取に頼ることなく、ｈｉｔｏｅでストレスを測ることができるようになる。

精神疾患による社会経済的損失

農園に参加者が集まったのが午前九時過ぎ。ｈｉｔｏｅを装着した肌着を参加者が着込むと、順天堂大のスタッフが実験の趣旨を説明した。

「現代の労働は様々なストレスを生み出すと言われ、その軽減が社会的な課題となっています。そこで、都市近郊にある市民農園で農作業に従事することが、ストレスの解消にどう寄与するかを分析します。都市生活を充実させるサービスを提供できるよう、基礎的なデータを集めます」

ＮＴＴコミュニケーションズと順天堂大がまとめた資料には、事態の深刻さが詳しく記されていた。「近年、日本の精神疾患患者数は、四大疾病の患者数を上回り、二〇一四年度には約四百万人に達しています。精神疾患患者の年間医療費は医療費全体の約六・五％に相当する約一兆九千億円に上り、社会的・経済的な損失および医療負担は非常に深刻化しています」

実験に協力するための同意書にサインすると、参加者は二つの採取キットに唾液を提供した。大学に持ち帰る円柱型のケースは、透明な小さい筒に入れてスタッフに渡す。簡易キットのほうは、白い付箋のようなものを口にくわえて湿らせ、小型の機器に差し込んでその場で計測した。

まっさきに白い付箋をくわえた二十代の会社員がそれをスタッフに渡し、受け取ったスタッフが計測機に差し込む。数十秒ののち、画面に表示された数値は「七十九」。スタッフが思わず「あ、ちょっと数値が高いですね」と話すと、会社員が「ストレス社会で生きてますから」と応じていた。

全員が測り終えると、畑に移動した。農園を運営する小野淳が「この畑に二十種類ぐらい野菜があります。わかったら、教えてください」。参加者が「トウガラシ」「ネギ」などと答える。こうした軽いやり取りを通してリラックスしたところで、草取りやくわ入れなどの作業を体験した。

作業はおよそ一時間。少し汗ばむくらい体を動かし、広場のテーブルに戻ってもう一度唾液を採取した。七十九の「高得点」をはじき出した会社員が測り直すと、二十六まで下がっていた。標準が三十～五十なので、かなり落ち着いた状態に変化したことになる。「測る前から体がリラックスしたと感じていました。勉強になりました。うれしいです」。会社員はそう喜んだ。

この日の実証実験は、これで終了した。順天堂大とNTTコミュニケーションズはその後も、アルゴリズムを確立してサービスを始めることを目指し、実証実験を積み重ねている。農業に対するイメージが、ストレスの低減効果に影響することもわかってきた。例えば、自然に接することの少ない都市部に住む人ほど効果が大きく、きつい農作業を身近に感じている人は効果がそれほど大きくない。市民農園が都市近郊に多いこともうなずける。

農地のサービス業的利用

このサービスは、社会の様々なシーンで活用することができるだろう。体重計に乗るのと同じような手軽さで、肌着に付けるウエアラブルな計測機でストレスを測ることができるようになるかもしれない。

一方、農作業をすれば、幸福感を伴いながらストレスを下げられることは、様々な研究で証明されている。課題はそれをどうサービスにするかにあった。簡易な計測システムが実用化されれば、企業が農作業を社員の福利厚生のメニューに組み込むことが、データによるエビデンスがない場合と比べてずっとやりやすくなるだろう。

では農業の側から見て、こうしたサービスにどんな意義があるのか。

順天堂大の研究員でこの研究に携わっている千葉吉史は、京大農学部を卒業して博士課程を修了した。農業法人を再建したこともある。そうした経験をもとに「農産物を加工したり、特定の相手に高単価で売ったりするのはかなり厳しい。大学のときに調べたら、食べ物にたくさんお金を使ってもいいという層は二〇％いませんでした」。日本の農業の課題そのものだ。人口が減って国内の需要が縮小するなかで、農業はどう活路を見いだせばいいのか。

「『食べる』という需要には限度があります。でも、『作用』という形で農業から福利が発生するなら、パラダイムが大きく変わるんです」

高齢農家の大量引退と耕作放棄の増大に直面するなか、これ以上の農地の荒廃を防ぐべきだという考えを否定する人はまずいないだろう。だが日本は膨大な食品ロスをはき出す「飽食の国」だ。農産物価格にはつねに下方圧力がかかっており、残された農地をフル活用し、「農業」で収益を上げようとすれば、かえって値段の下落を招くというジレンマを抱えている。

そこで浮上するのが、農地のサービス業的な利用だ。コメや野菜を売るのではなく、消費者が対価を払って田畑を利用することで、農地を守る。企業の福利厚生に活用するというアイデアもそのなかに入る。

こういうことを話すと、「それで守れる農地はわずか」といった反応が返ってくることが多いが、では収益性の低下というワナを回避しながら、どうやって農地を守ればいいのか。少なくとも都市の農地は、サービス業の拠点として再利用する余地が十分にある。「小さな話」の積み重ねのなかで、田畑を多くの国民に解放することが、次代の農業を展望するきっかけになる。

美しい田園風景の先にある商機

農地のサービス業的な利用について話を続けたい。

日本の農政は農家のための農政であって、農業のための農政ではなかった――。農政批判でよくある言い方だ。零細農家を「数が多い」という政治的な理由で守ってきたが、農業の発展には役立たなかったということを意味している。

筆者もかつては漠然とそう思っていた。今でも批判のいくつかは間違っていないと思う。だがふと立ち止まって考えることがある。農業のための農政とは何なのか。そもそも、何のために農業を守る必要があるのか。

この問いを、いったん「なぜ自動車が大切なのか」に置きかえてみたい。もし、もっと安全で環境に優しく、便利な交通手段が登場すれば、自動車の価値は低下するだろう。交通手段は、そうやって技術革新とともに変わってきた。ドライブなど娯楽の側面を別にすれば、自動車は目的ではなく手段であり、大事なのは行きたいところにいかに効率的にたどり着くかだ。

同じ文脈で言えば、農業はあくまで手段であり、目的は十分な食料を安定して供給することにある。量が満たされれば、「おいしさ」などさらなる価値の追求が始まるが、基本はあくまで食料の供給にある。

難しいのは、日本を含め先進国は、食品の量が十分に満たされてしまったことにある。食料が余れば、当然、手段としての農業の収益性は下がる。とくに日本や韓国の場合、食生活の変化に対応しながら、米国など海外から輸入する農産物で量を充足させた。量の確保という目的を達成する手段を、結果的に海外に求めたわけだ。

美しい田園風景など、農業に付随して生まれる価値のことはいったん脇に置く。もしそれが食料の供給と同じくらい大切なものならば、田畑の減少につながるような都市開発は起きなかっただろう。都市近郊では田園風景がいまや希少だからこそ、保護すべきだという声が強まっている。

このピンチの先にチャンスが潜む。農業に付随して生まれる価値にもっとフォーカスすれば、事態を突破する道が開けるのではないか。

先進国は食品の量が十分に満たされてしまったと書いた。しかも、人口減少に直面する日本は、必要な食料の量はさらに縮小する。だが世界に目を転じれば、なお人口増加の途上にある。中国をはじめとする新興国の劇的な経済力の向上と食生活の変化で、食料の需要は今後ますます増え続ける。

だから食料危機が起きるとあおるつもりはない。だが、頻発する異常気象なども併せて考えれば、日本はこれ以上農地が荒廃するのを防ぐべきときに来ているのは間違いない。そのための「防衛ライン」の設定が農政にとって急務だ。食料は一時的に足りないだけでも社会をパニックに陥れる。

ここまでは理屈の話だ。本音を言えば、理屈抜きに農業は大切だと思う。だが、平時は食料が足りていることを前提に考えれば、農地をフル活用して作物を作れば、収益力はさらに低下する。ジレンマを乗り越えるための一助になるのが、農地のサービス業的な利用だ。

ここから先は、市民農園などの農業関連サービスで成長しているベンチャー、アグリメディア（東京都新宿区）の紹介に移りたい。

社会のニーズに応える市民農園ビジネス

アグリメディアは、住友不動産に勤めていた諸藤貴志が三十歳のころに脱サラし、二〇一一年に立ち上げた。市民農園の「シェア畑」を、首都圏を中心に九十カ所強で運営している。これまでの市民農園は公営だったり、農家が自分の畑を使って小規模にやったりする例が大半だった。これに対し、アグリメディアは市民農園を拡大可能なビジネスに作りかえた。

諸藤は市民農園で起業した理由について「事業は大きな社会ニーズがないと伸びないし、やりがいもない。大きな課題のある業界は何かと考えると、農業が面白そうだと思いました」と話す。ではなぜ農家を相手にするビジネスではなく、消費者が相手の市民農園を選んだのか。

「都市でやったほうが収益化できると思ったからです。農業者はお金をもっていないので、農業者を相手にしたビジネスは難しい。そこで、都会の人からお金をとれるモデルが必要だと考えました」

農業を大切に思う人は、こういう言い方に抵抗を感じるかもしれない。農業を「お金」という言葉ばかりで語ってほしくない――。だが、発想の転換が必要だ。諸藤はここで、農地の収益性を高めたいと言っているのだ。

では、改めて「お金の話」を続けよう。

畑で野菜を作ると、千平方メートルで売り上げは年に数十万円が一般的だ。これに対し、シェア畑は二千万円をモデルにしている。十平方メートルで年十万円の利用料を標準にしているからだ。畑が利用者で常にいっぱいになることを前提にした試算であることを踏まえる必要はあるが、重要なのは、農地の収益モデルを大胆に作りかえようとしている点だ。

このモデルを実現するために力を入れているのが、農園利用の快適さを高めることだ。利用者は肥料やタネや農機具を自分で用意せず、手ぶらで気軽に農園に来ればいい。会社員が毎日畑に来るのは難しいので、週末だけの農作業を基本にする。それでも栽培に失敗せず、収穫できるようにする。

ライバルはフィットネスクラブ

そこで大事な役割を果たすのが、シニア層が中心の「菜園アドバイザー」だ。野菜づくりを指導するとともに、農園の状況を本部に伝える。その情報をもとに、本部から「最近来ていませんね」「畑が大変なことになってますよ」といったメールを利用者に送る。栽培に挫折するのを防ぐためだ。

菜園アドバイザーは、NPO法人「たがやす」で栽培技術を指導するベテラン農家とは役割がまったく違う。特定のアドバイザーの指導スキルや人柄といった個性に頼り過ぎると、農園を連続的に増やすことはできない。主役はあくまでお金を払って農園に来る利用者だ。農園ごとにやり方にバラツキが出るのを防ぐため、運営の標準化を追求し続けている。

仕事の標準化にうまく応えられるアドバイザーのなかには、「企業でそれなりの立場だった人」が多いという。本部が求める運営の趣旨や利用者のニーズを的確にとらえ、うまくコミュニケーションできる人たちだ。もともと長年、家庭菜園をやっていて、この仕事に生きがいを感じる人も少なくない。

反対にうまくいかないのが、知識をひけらかしてしまう人だ。現場で「農業の先生」みたいになってしまうと、利用者の継続率が下がってしまう。農業に明確な一つの答えはない。知識を教えることばかりに集中し、自分の経験で断言し続けてしまうと、菜園アドバイザーとしてはうまくいかない。

アドバイザーに最も求められる資質は、利用者の立場から何が必要かを考えられることだ。その核心部分を、諸藤は次のように説明する。

「利用料を、収穫した野菜の価値に換算する利用者なんていません。『フィットネスクラブより、こっちのほうがいいね』といったノリでうちに来てるんです。競合相手はフィットネスクラブで、そのマーケットから顧客をとろうというイメージでやってます。農地でサービス業をやっているんです」

市民農園の意味を、これほど明快に表現した言葉をほかに知らない。おそらく自分の畑で体験農園を開き、栽培方法を教えている農家は、依然として自分は農業をやっていると思っているのだろう。だが「体験」という言葉が示すように、消費者は収穫した野菜の対価としてお金を払っているわけではない。消費の一環として利用料を払っているのだ。

利用の仕方は、年齢によって違う。三十~四十代は「子どもと一緒に楽しみたい」といった動機で農園を訪れる。その結果、夫婦のどちらかが農作業にはまれば、固定客になる。だが、目的が「子どものため」より広がらないと、長続きしない。自分が農作業をあまり好きになれず、子どもも週末を畑で過ごすことを楽しめないと、ほどなくして農園から足が遠のく。

これに対し、五十~六十代はまずやめない。農作業が生活のなかに組み込まれていく人が多いからだ。朝、農園で野菜を収穫し、家で調理して食べるのが、日々の喜びになっていく。ライフスタイル型の農作業と言っていいだろう。

その意味からも「競合相手はフィットネスクラブ」という言葉が的を射ていることがわかる。フィットネスクラブは夜と昼とで客層が違うことが多い。夜は勤め帰りの会社員や、がっつり体を鍛えたい若者がたくさんいる。だが昼はシニアがほとんどだ。フィットネスクラブは、高齢化が進む日本社会で、シニアが健康を保ち、同世代で交流するための場になっているのだ。

その選択肢として、市民農園が加わるのは社会にとってとても素晴らしいことだと思う。サービス業としてホスピタリティーを高めることで、その可能性はどんどん大きくなっていく。それを支えるのが、自分がやっていることはサービス業だと自覚できる菜園アドバイザーたちだ。

農地を国民に解放する

アグリメディアにはいまも、農地の情報が集まり続けている。諸藤によると、二百件の相談が寄せられる月もあるという。農産物を売るより、アグリメディアに貸して賃料を受け取ったほうが割がいいと考えているからだ。

市民農園を始めた当初に気づいた課題は、自分が野菜を作るのは無理だと感じている利用者が多かったことだ。「毎日水やりに行くことはできない」と思っているケースだ。シェア畑なら、週一回でもいい。どうしても無理な場合は週一回行かなくてもオーケー。アグリメディアがサポートする。そういうサービスを作りあげてきた。

畑との関わり方は、画一的でなくていい。それでも利用者たちは、口をそろえて「自分で作った野菜の味は全然違う」と驚く。トウモロコシを筆頭に、農産物は収穫したその日に食べると本当においしい。利用者がそれを実感できれば、農園のファンになる。農業の素晴らしさに気づく。

諸藤は「農業の未来は良くなっていくと思ってます」と話す。起業マインドを持った農業経営者が各地に現れ、それに刺激されていくつかの農協は「農業のための組合」という本来の役割を果たそうと努めている。農業関係者のなかには市場原理という言葉に抵抗を感じる人が少なくないだろうが、健全な競争こそが革新を生む。それなしに農業は活力を手にできない。

だが、専業農家による大規模経営だけで農地というパズルがきれいに埋まるかというと、それも難しい。とくに焦点になるのが、規模拡大による効率化に限界がある都市近郊の農地だ。さいたまヨーロッパ野菜研究会や東京ネオファーマーズは、そこに新たな可能性を示した。そうしたなか、市民農園をビジネスとして展開するアグリメディアも都市農地に新たな光を当てた。

農業は理屈抜きで大切だと書いた。多くの人が理屈抜きでそう思えるようになるには、農業に触れることが一番の近道だ。それは農家だけのための農政を脱することに結びつく。

では、アグリメディアがやっていることは農業なのだろうか。

「あくまで農地を使ってやっている事業であり、農地の付加価値のつけ方の一つです。地域ごとに農業のあり方は様々ありますが、シェア畑は都市近郊の農地で最も収益を上げることのできるやり方だと思ってます」

諸藤は「その質問をよく受けます」と前置きしてから、こう話した。農業関係者には「あれは農業ではない」と思っている人が多いのだろう。だからこそ、既存の農業観を書きかえ、農地を市民に解放することにつながるのだ。

少しニュアンスは違うが、同じく農地をサービス業の場として考え、イベント農場を運営している小野淳の言葉も紹介しておこう。

「農業ってかつては誰もがやっていた仕事じゃないですか。淡々とまじめにやっていれば、評価される社会であるべきだという考え方が根底にある。うまくいってもいかなくても、黙々と同じことをくり返す。それがあるべき姿だという美学なのかもしれません」

最後にイベント農場を取り上げ、本書の締めくくりとしたい。忍者体験や婚活などの場になる農場は、作物の生産からサービス業の拠点の方向へとさらにシフトする。だがそこが栽培の現場であるからこそ、様々なサービスの魅力が高まるという点を強調することになる。

子どもたちが「修行やりたいっ!」

「左手で鯉口を切り、右手で柄を持つ。左手と左足を引いて抜刀。正眼の構え。えいっ!」。東京都国立市、JR谷保駅に近い田園地帯で、忍者の鋭い声が響いた。集まった子どもたちが、忍者の動きに合わせ、おもちゃの刀をかけ声とともに振り下ろす。「え〜いっ」。気分はすっかり忍者だ。

青空のもとで子どもたちが忍者修行をしたのは、小野淳が運営するイベント農場「くにたちはたけんぼ」。順天堂大とＮＴＴコミュニケーションズが、農作業がストレスを軽減する効果を計測したのと同じ農場だ。

イベントの名前は「忍者に学ぼう――心・技・体」。東京都あきる野市の民家「養沢　野忍庵《やにんあん》」を拠点に、忍術修行のプログラムを主宰している甚川浩志が黒い忍者装束に身を包み、子どもたちを指南した。

最初のプログラムは、抜刀術と手裏剣の練習だ。くるくる回して投げる十字手裏剣ではなく、太めの箸を棒手裏剣に見立てて的になる畳に投げる。素人が真っすぐ投げるのは至難の技で、簡単には畳に刺さらない。それだけにうまく刺さると、子どもの表情がうれしさに輝く。

次のプログラムは、小刀を使った弓矢づくりと、保存食の「兵糧丸」づくり。兵糧丸はそば粉と上新粉をベースに蜂蜜やゴマ、かつお節、ニンジン、梅肉を混ぜて作る。粉を練るのに日本酒を使うという説明を聞いて、子どもが「ねえ、お酒大丈夫？」と心配そうな声を上げ、つきそいで来ていた親たちの笑いを誘った。

イベントの中身は、忍者修行だけではない。田んぼの用水にいるザリガニやドジョウの観察、畑の野菜を使ったピザづくり、木の皮や草を使ったかご編みなど、農場で開くイベントならではのメニューをそろえている。広い田畑に囲まれて行う開放感が、子どもたちが「忍者になり切る」うえで大いに役立つ。アスファルトの上やエアコンの効いた室内で開いたら、こうはいかないだろう。

「畑で面白いことやろうといつも考えてます」。小野は忍者イベントの狙いをこう語る。「手裏剣って投げてみたいですよね。でも、ふつうの人は投げたことがない」。

イベントの合間に、忍術の意義を甚川に質問していたときのことだ。「相手を打ち負かすだけの技はたんなる暴力。刀を抜かず、穏やかに解決するのが一番」。そう話す甚川のもとに子どもが駆け込んできて、「はっ！　修行やりたいっ」と叫んだ。技を教えてもらいたくて、うずうずしているのだ。

小野は「忍者と畑には親和性がある」と話す。「箸は箸として買えば、ご飯を食べるためだけにしか使わない。でも、こうやって手裏剣の練習にも使えるじゃないですか」。イベントでは甚川がいろいろな道具を取り出し、子どもたちに「これ何に使う？」と質問した。答えは必ずしも一つでなくていい。道具をどう使うかを考え、工夫する点に、問いかけの意味がある。

これは、畑では日常的なことだと小野は強調する。「道具が足りないとき、目の前にあるひもや棒きれで代用する」。都会だとこういう発想は出て来にくい。鉛筆やボールペンが足りなければ、コンビニに買いに行けばすむからだ。「ここなら、炭など落ちてるもので代用する」。畑の仕事は本来そういうものなのだ。

男女の出会いは畑から

本章は人との関わりを、プロの農家に限定せず、幅広く考えることを目的にしている。忍者イベントに続いて取り上げるのは、婚活イベント。舞台は引き続き、イベント農場「はたけんぼ」だ。

ぽかぽかとした日差しが暖かいある日曜日、約四十人の男女がJR谷保駅に集まると、のんびり歩きながら「はたけんぼ」に向かった。

「はい、みんな注目してください」。農場に着くと、スタッフがこう呼びかけた。「それではいきます。本日の出会いにかんぱ〜い」「かんぱ〜い」。ジュースや缶ビールで乾杯すると、緊張を振り払うように参加者たちがいっせいに拍手をした。結婚情報サービス会社が開いた婚活パーティーだ。

料理の準備が始まった。「みりん入れて」という声にうながされ、一人の女性がボトルのふたを開け、そのまま鍋に注ぎ込んだ。その豪快な入れ方にみんな大喜びだ。次に男性が、しょうゆをお玉で受けてから鍋に注ぐと、さっきの女性が「そうやるんだ」と恥ずかしがった。また大爆笑になった。

「プチ非日常って言うんですかね。こういう場所に来ると、のどかな気持ちになる。だから、パーティーに価値が出る」

「はたけんぼ」を運営する小野淳はそう話す。プチ非日常――。そう言われて見まわすと、参加者たちが料理に興じている広場の横には馬小屋があり、その向こうには「はたけんぼ」が企業や団体に貸している畑がある。さらにその周りを、小野が運営する市民農園や他の農家の畑が囲む。「こういう場所だと、細かいことにぶつくさ言う気にならないのもメリット。例えば、『こんな鉄板でバーベキューやるの?』って言うのではなく、『アウトドアだからね』ってゆるやかな気持ちになれる」。たしかに、参加者たちが薪で火をおこしているコンロは、ドラム缶を半分に割って作ったワイルドなものだ。だが、その手づくり感がイベントを盛り上げる。きれいなレストランで開いたイベントなら、壁の汚れ一つで興を削がれるかもしれない。

小野が婚活イベントを請け負うようになってもう何年にもなる。最初は年に二回だったが、翌年は十回に増え、その後さらにペースが増えた。出会いを求める男女にとって、この空間がいかに魅力的かを物語っている。

もちろん、農場で開かれるイベントは忍者修行や婚活だけではない。家族で楽しむ田植えや稲刈り、乳幼児の泥んこ遊び、小学生の放課後クラブ、オーストラリアから来たリトルホースのジャックとダンディとの触れ合いなど盛りだくさん。農場からはそのたび、楽しそうな笑い声が聞こえてくる。

考えてみれば、農業が人びとの暮らしにとって今より身近だったころ、こうした活動の多くは田畑のなかにあった。だが急激な都市化で生活と田畑が分断された。一方、地方に残った田畑はプロ農家のもとで大規模化が進み始め、これも生活の場とは分離されている。小学生を集めて開く「田んぼの学校」などの活動もあるにはあるが、生活のワンシーンでしかない。

ここでもまた、都市農業の可能性が浮き彫りになる。周囲には生活者がいくらでもいる。彼らの多くは、田畑と触れ合いたいと思っている。そこで必要になるのは、農地でサービスを提供するノウハウだ。これまでの多くの農家のように黙々とただ農作業をし、同じことを農場に遊びに来た消費者に求めても、農地の魅力をフルに引き出すことはできない。農業の外側の世界で働いた経験がそこで生きてくる。

では小野はどうして農場をイベントの場にしようと考えたのだろうか。次に、かつてテレビ番組を作っていた小野の歩みをふり返ってみたい。

元テレビマンが飛び込んだ農業の世界

二〇〇四年に放送された一本のテレビ番組がある。舞台はフィリピンの農村。雑草が伸びた枝豆畑で、高齢の日本人男性がつぶやく。「これはちょっと生え過ぎだ。こんなんじゃいけない」「生えてしまうもんなんですか」。男性にそう問いかける声の主は、番組のスタッフの小野淳だ。

冒頭の番組は、小野がディレクターをつとめたシリーズ「素敵な宇宙船地球号」のワンシーン。「フィリピンの大地に本来の力を取りもどそうとする日本人がいます」。この回は、沢田研二のそんなナレーションで始まる。

主人公は当時七十四歳の元会社員。大手商社に勤め、二十九歳でフィリピン駐在になり、日本では想像もできなかった現実を知る。「あまりに貧困。靴もはいていない。シャツもぼろぼろ。日本の業者が木を切り倒し、あと何もしなかったために（こんなことが）起きた」。番組のなかでこう述懐する。

三十四歳のときに会社を辞め、フィリピンでマニラ麻の加工工場を立ち上げた。工場が生産する紙は質が高く、経営は軌道に乗った。六十七歳になると工場を地元の人に譲り、農産物の有機栽培や植林に挑み始めた。

一カ月間一緒に過ごした小野は、彼の生き方に、強く心を打たれた。「なんて格好いいんだろう。ものすごく熱く、思いを語ってくれました」。土と水と太陽の力で、人間にとって必要なものが生み出される。その大切なものへの知見が失われつつある。東京で仕事をしている人は、何も知らずにものごとを決めている。「あの人は僕に、それを伝えたかったんだと思うんです」

この体験と、小野がそのころ感じ始めていた「限界」とが重なった。「表現者として仕事がルーティーンになっていた。番組制作のスキルがいくら上がっても、本来、伝えたいものへのアンテナが鈍っていたんです」

根っこにあったのが、観察者にとどまることへのもどかしさだった。「農業をやったこともない人間が、はたから見て理解できるのか。現場に身を置かなければならないという気持ちが高まりました」。こうして小野は、八年間勤めたテレビの仕事を三十歳過ぎでやめ、農業の世界へと入っていった。

最初に飛び込んだのは、大手居酒屋チェーンが運営する農業生産法人だ。「年収二百四十万円で月間労働時間三百五十時間を達成！」。プロフィールには、ユーモアを込めてこうある。ここで真正面から野菜づくりを学んだ。

次に会員制の農園を運営してみた。音楽プロデューサーのつんく♂も会員だった。そこで栽培技術を高めるとともに、発信型の農場づくりを模索した。それが形になったのが、会員制農園の隣に開いた「はたけんぼ」だった。

追求しているのは、「畑の集客力」だ。だから、イベントと農業とのつながりを断ち切らないことが大切になる。婚活イベントで最も盛り上がるのは、芋などが土から姿を見せた瞬間だ。「おー！」という歓声に畑が包まれ、芋掘りという共同作業を通して出会ったばかりの男女の距離が縮まる。

「畑の生産効率を高めるって、どういうことなんだろう。畑で作れるものは、作物だけではないのではないか」。田畑のある風景を次代に伝える方法は、様々にあっていい。小野の挑戦はその一つだ。「僕のやっていることは農業ではないという人がいるが、自分では農業をやっていると思ってます」

畑の集客力を高め、その魅力を世の中に発信する。それが、元ＴＶマンの小野がたどり着いた自分なりの農業のあり方だった。

さだ。

農業を語りたくない農家たち

「逆転の農業」というタイトルの本書は、農業の多様な価値を伝えることに努めてきた。農協から説きおこし、「結」の復活や田畑で生まれる技術革新を経て、都市農業へと進んだのはそうした思いからだ。その作業を通して感じたのは、「すでにあるもの」の価値を理解することの大切さだ。

「うまくいってもいかなくても、黙々と同じことをくり返す。それがあるべき姿だという美学なのかもしれません」。前段で小野のこんなセリフを紹介した。これだけ聞くと、旧態依然とした農業を突き放した言葉のように感じるかもしれない。だが、農場を舞台に観察者と表現者という二つの立場を突き詰めようとする小野の考えは、それほど単純なものではない。

農地を活かした町づくりのプランを考える国立市の協議会に二〇一一年に参加したことが、農家をより深く理解するきっかけになった。そこで強い印象を受けたのが、農家の複雑な心情だ。「農家の実情を知らない人から、売り上げがどれくらいあるかを聞かれると不機嫌になります。利益から言えば、コンビニでバイトしたほうがいい。農家はそのことをわかっているからです」。ではなぜ農業をやっているのか。「彼らにもその答えはないんです」

農家が農業の話をしたがらないことにも気づいたという。「話をすると、いろんな思いがこみ上げてくるからです」。彼らは祖父母や両親、親戚からプレッシャーを受けながら農業を続けてきた。利益のためというよりは、「家を守ること」が自己目的化しているのだ。父親が健在なら、五十代になっても経営を任せてもらえず、売り上げや利益を知らないことも少なくない。

そうやって、効率の低い都市近郊で黙々と農業を続けているうちに、地方では桁違いに規模が大きい農業法人が登場した。都市部では農業でビジネスを拡大するのは無理だと思っていたら、今度はアグリメディアのように快適さを売りにする市民農園や、「はたけんぼ」のように畑で婚活パーティーを開く農場まで現れた。農地をサービス業の拠点として活用する動きは、今後さらに広まるだろう。

だが、華やかで注目を集めやすい新規参入組が登場する前に、既存の農家が開いた体験農園があった。農地が狭い都市でいかに農地の収益性を高め、維持するかを考えたすえのアイデアだった。「僕らが突然始めたのではなく、地道な努力で築いた礎があって、ここにつながったんです」。違うのは、彼らが自分たちのやっていることをサービス業とは認識していなかった点だ。だがそれは重要な違いではない。

だから、新規参入組が存在感を増していることへの農家の複雑な気持ちに理解を示す。彼らの多くは農業で利益を出すことをあきらめ、「家業を守る」という思いだけで農業を続けてきた。小野はそういう姿勢をけして否定しない。「努力が足りないように見えるかもしれません。でも、合理的なことだけをやるという方法をくり返すと、地域がまわらなくなってしまう」

象徴的な存在が「はたけんぼ」だ。「周りに農地があってこそ、ここが成り立つ」。もし、住宅の中にぽつんと一つイベント農場があるだけだったら、人は集まっただろうか。そのことを自覚しているから、「農業をやりにくい都市で農業をやってきた人たちの努力が報われるべきです」と訴える。小野がやっていることも、そうした無名の大勢の農家たちの努力の延長にある。

戦後一貫して国土開発が進み、都市化が進んだにもかかわらず、我々の暮らしの身近な場所に、ささやかな農地が残っていた。その狭い空間が、超高齢化社会へと突入しつつある日本に、大きな潤いを与えてくれている。田畑に囲まれた風景のなかで、忍者体験に心を躍らせた子どもが「修行やりたいっ」と声を上げた。そのはじける笑顔は、農地が与えてくれる喜びのシンボルだ。我々はここで、農業と農村の価値を再発見すべきなのだろう。都市農業は、日本のこれからの社会を豊かにするための起点になる。

【著者略歴】
吉田忠則（よしだ・ただのり）
日本経済新聞編集委員兼論説委員
1989年京都大学卒業、同年日本経済新聞社入社、流通経済部、経済部、政治部を経て、2003年中国総局（北京）駐在、同年「生保予定利率下げ問題」の一連の報道で新聞協会賞受賞。
著書『見えざる隣人　中国人と日本社会』（日本経済新聞出版社、2009）『農は甦る』（日本経済新聞出版社、2012）『コメをやめる勇気』（日本経済新聞出版社、2015）『農業崩壊』（日経 BP、2018）

逆転の農業

2020年1月17日　1版1刷

著　者　吉田忠則

発行者　金子　豊

発行所　日本経済新聞出版社
https://www.nikkeibook.com/
〒100-8066　東京都千代田区大手町1-3-7

印刷・製本　三松堂印刷
本文 DTP　CAPS
ISBN978-4-532-35838-9